南宁师范大学博士科研启动经费【602021239295】资助
广西自然科学基金【2021GXNSFAA220106】资助
中央级公益性科研院所基本科研业务费专项资金【CAFYBB2020SY022】资助

中国红蝽总科分类
（半翅目：异翅亚目）

Taxonomic study of the Superfamily Pyrrhocoroidea
（Hemiptera：Heteroptera）in China

赵　萍　曹亮明　龙兰珍　著

ZHAO Ping　　CAO Liangming　　LONG Lanzhen

U0162203

中国林业出版社

图书在版编目（CIP）数据

中国红蟥总科分类 / 赵萍，曹亮明，龙兰珍著 . — 北京：中国林业出版社，2022.1

ISBN 978-7-5219-1539-6

Ⅰ . ①中… Ⅱ . ①赵… ②曹… ③龙… Ⅲ . ①红蟥科—昆虫分类学—研究—中国 Ⅳ . ① Q969.350.9

中国版本图书馆 CIP 数据核字（2022）第 007835 号

中国林业出版社

责任编辑：李 顺 薛瑞琦

电话：(010) 83143569

出 版：中国林业出版社（100009 北京市西城区刘海胡同 7 号）

网 站：http://www.forestry.gov.cn/lycb.html

发 行：中国林业出版社

印 刷：河北京平诚乾印刷有限公司

版 次：2022 年 1 月第 1 版

印 次：2022 年 1 月第 1 次

开 本：710mm×1000mm 1/16

印 张：17.75

字 数：250 千字

定 价：98.00 元

撰写人员组成

著　者：
　　赵　萍（南宁师范大学地理与海洋研究院）
　　曹亮明（中国林业科学研究院森林生态环境与自然保护研究所）
　　龙兰珍（凯里学院）

其他参与人员：
　　刘盈祺（中国农业大学昆虫学系）
　　杨　坤（凯里学院）

摄　影：
　　赵　萍
　　龙兰珍
　　杨　坤

本书提示

　　红蝽总科是半翅目异翅亚目昆虫的一个小类群，体色通常为红色、橙色，有些为黑色、褐色，前翅革片中部常具有黑色圆斑，无单眼，前翅膜片基部具有 2 翅室及 7~8 条分枝纵脉。红蝽大多数为植食性，主要寄主为锦葵科植物，取食其果实和种子，其中棉红蝽属是棉花的重要害虫；颈红蝽属、光红蝽属的一些种类是捕食性天敌昆虫，在害虫的自然控制系统中发挥重要作用。本书详细描述了中国红蝽总科 15 属 40 种昆虫，希望能够为相关专业人员进行红蝽昆虫分类鉴定时提供一些参考。

前　言

　　红蝽总科 Pyrrhocoroidea 隶属于半翅目 Hemiptera 异翅亚目 Heteroptera
蝽次目 Pentatomomorpha，包括 2 个科，红蝽科 Pyrrhocoridae 和大红蝽
科 Largidae。红蝽总科全世界已知 70 属 660 余种，其中大红蝽科 2 亚科
24 属 210 余种，红蝽科 46 属 450 余种（Hemala, Kment & Malenovský,
2020）。红蝽总科昆虫体型一般中等大小，5~50mm，长卵形；体色以红
色、黄色、褐色和黑色为主，前翅革区常具圆斑；无单眼；触角 4 节；喙
4 节；前翅膜片基部具翅室，其外侧具多条分枝翅脉，或呈不规则疏网
状。世界性分布，遍布除南极洲外各大洲，但在热带区和亚热带区种类最
为丰富，其中很多种类为重要的农业害虫，危害棉花、玉米、水稻等多种
重要的经济作物，造成严重的经济损失，尤其以棉红蝽属 Dysdercus 危害
棉花的影响在世界范围内最为深远，其危害棉花主要有两种方式：直接危
害，即若虫和成虫刺吸危害棉铃；间接危害，即通过刺吸式口器传播病毒
或细菌性病害。直接危害棉铃时，其刺吸作用可造成棉铃干瘪、萎缩、坏
死，并且排泄物可污染棉纤维，造成经济损失。间接危害则更为常见，可
造成棉铃外部感菌病变或内部变黑坏死。通过这两种方式棉红蝽给各棉花
种植大国造成重大的经济损失，如：柯宁棉红蝽 Dysdercus koenigii 在巴基
斯坦每年造成约 4 亿美元的损失（Ahmad & Schaefer, 1987），同时棉红蝽
在印度、巴基斯坦等国也危害秋葵、茄子等蔬菜，及小麦、玉米等农作

物，造成这些国家重大经济损失。目前来看，红蝽类害虫在我国还没有大面积的危害报道，但在局部地区棉花、小麦等作物有零星的受害报道，对红蝽类害虫的准确分类鉴定有助于对此类害虫的精准防控。

中国红蝽总科昆虫在萧采瑜（1964）的云南生物考察报告（半翅目：红蝽科及大红蝽科）一文中记录中国红蝽 13 属 24 种；在《中国蝽类昆虫鉴定手册（半翅目异翅亚目）》（第二册）中，刘胜利（1981b）记录红蝽总科 12 属 34 种。国外学者对中国红蝽总科昆虫分类研究主要在 Distant（1903、1904）、Stehlík & Kerzhner（1999）、Blöte（1931）、Kerzhner（2001）、Stehlík & Jindra（2006c）、Rédei et al.（2009）等分类学家的文献著作中。在本书中，我们系统记述中国红蝽总科 2 科 15 属 40 种，其中包括 1 新种、1 中国新记录种；并且简述了红蝽分类研究的历史和现状，介绍了红蝽的成虫和若虫形态特征、生物学信息和行为特征；并基于 28S rDNA 序列部分片段的分子数据对中国红蝽总科部分属种进行系统发育分析，初步讨论了中国红蝽总科的属、种间的亲缘关系；为了便于分类鉴定，本书提供了中国红蝽总科的属间、种间的检索表，及 38 种成虫、28 种雄虫外生殖器照片，并在附录部分提供了世界红蝽总科物种名录和分布。通过以上研究，希望对我国红蝽总科昆虫多年来的系统分类研究有一个阶段性的总结，目前我国已知的红蝽总科种类占世界种类约 6%，一般来说，我国的昆虫种类占世界种类的 10%，按照这个比例我国红蝽总科的物种多样性还有一定的挖掘空间，也希望本书对我国红蝽总科昆虫的后续研究有所帮助。

感谢国家自然科学基金【No. 31201737、No. 31760634】在多年昆虫研究中给予的大力支持，使我们积累了大量红蝽总科标本，得以开展此项研究；感谢广西自然科学基金资助【2021GXNSFAA220106】；感谢南宁师范大学博士科研启动经费【602021239295】的大力支持，使此研究得以出版；感谢中央级公益性科研院所基本科研业务费专项资金

【CAFYBB2020SY022】资助；感谢北部湾环境演变与资源利用教育部重点实验室和广西地表过程与智能模拟重点实验室（南宁师范大学）的支持；感谢国家林业和草原局森林保护学重点实验室的支持；感谢中国农业大学昆虫学系彩万志教授给予的关怀与悉心指导；感谢中国农业大学昆虫学系李虎教授友好惠借大量珍贵的研究标本；感谢中国农业大学牛鑫伟先生在图片处理中给予的帮助；感谢中国科学院动物研究所昆虫博物馆的张魁艳博士在查看模式标本给予的友好帮助；感谢中国农业大学陈卓博士在标本采集和分类研究中提供的友好帮助；感谢凯里学院潘娟副教授等教师和同学们在标本采集中给予的大量支持；感谢南宁师范大学海洋生理生态实验室及徐轶肖博士对本书昆虫拍照过程中给予的帮助；感谢南宁师范大学陈伟才研究员、粟通萍副研究员和谭梦超博士等在标本采集中给予的帮助；此外在日常工作、学习和生活中，还得到了许多单位和个人的支持和帮助，使我们的研究得以完成，表达深深感谢！

　　由于研究经验水平有限，工作中会存在不少缺点和错误，希望读者予以批评指正。

赵萍　曹亮明

2021 年 3 月 15 日

目　录

I

红蝽总科总论

1 分类研究简史

1.1 世界分类研究概况

红蝽总科 Pyrrhocoroidea 隶属于半翅目 Hemiptera 异翅亚目 Heteroptera 蝽次目 Pentatomomorpha，包括 2 个科：红蝽科 Pyrrhocoridae 和大红蝽科 Largidae。红蝽总科全世界已知 70 属 660 余种，其中大红蝽科 2 亚科 24 属 210 余种，红蝽科 46 属 450 余种（Hussey，1929；China，1954；Southwood，1956；Schuh & Slater，1995；Kerzhner，2001；Stehlík，2006；Stehlík & Jindra，2006a；Henry，2009；Stehlík & Brailovsky，2011；Dellapé & Melo，2014；Stehlík & Kment，2014，2017；Schaefer，2015；Kment & Malenovský，2015，2020），在世界所有生物地理区域均有分布，以热带和亚热带地区物种最为丰富。红蝽总科昆虫的主要识别特征是：通常成虫呈现鲜艳的红色、橘红色，少数种类黑色、暗褐色，前翅常具圆斑；体型一般中等大小，5~50mm，长卵形；无单眼；触角 4 节；喙 4 节；前翅膜片基部具 2 翅室，其外侧具多条分枝翅脉，或呈不规则疏网状（图 1）。

Amyot & Serville（1843）最早提出红蝽是 1 个单独的科，包括 2 个类群：红蝽 Pyrrhocorides 和大红蝽 Largides，Fieber（1861）提出了红蝽科 Pyrrhocoridae 的科名，将两者作为其下的 2 个亚科名。Hussey（1929）在世界红蝽名录中，根据 Van Duzee（1916）的观点认为：红蝽科 Pyrrhocoridae 包括红蝽亚科和大红蝽亚科，使用 Euryophthalminae 代替了大红蝽亚科名 Larginae，包括 2 个族：Euryophthalmini 和 Physopeltini，以 Pyrrhocorinae 作为红蝽亚科名。但是 China（1954）认为应以 Larginae 作为大红蝽亚科名，并指出为大红蝽亚科 Larginae 与红蝽亚科 Pyrrhocorinae 分别与长蝽科 Lygaeidae 和缘蝽科 Coreidae 的关系密切，均应提升为科级地位（China & Miller，1959）；Hussey（1929）的世界名录中也提到，红蝽和大红蝽两者可提升为科级地位。Southwood（1956）首先提出红蝽总科 Pyrhocoroidea 的总科名，包括大红蝽科 Largidae 和红蝽科 Pyrrhocoridae 2 个科，这就是目前红蝽所广泛接受和使用的分类系统（Schaefer，1964；Štys & Kerzhner，1975；Henry，1988；Schuh & Slater，1995；Kerzhner，2001）。Schuh & Slater（1995）、Schaefer（2015）描述了 2 个科的特征，简要介绍 2 个科的分类历史、分类系统、全球多样性、地理分布和生物学等内容。

红蝽科 Pyrrhocoridae 全世界有 46 属和 450 余种，世界性分布，热带比温带地区种类丰富（Hussey，1929；Schuh & Slater，1995；Henry，2009；Schaefer，2015；Hemala，Kment & Malenovský，2015，2020）。棉红蝽属 Dysdercus 种类数量最多，约 100 余种，世界性分布，也是红蝽科在西半球唯一分布的的属，40 余种分布在东半球，60 余种在西半球，Doesburg（1968）修订了西半球的棉红蝽属 Dysdercus 所有种类，Freeman（1947）修订了东半球棉红蝽属的所有种类。Schaefer（2015）认为西半球的棉红蝽属 Dysdercus 种类很可能是非洲的一两个种或若干近缘种进化而来的所有后裔。棉红蝽在东半球是危害棉花较为严重的害虫，但在西半球目前危害不显著（Schaefer，2015）。

　　大红蝽科 Largidae 分为 2 亚科，共计 6 族 24 属 210 余种（Hemala，Kment & Malenovský，2015，2020），西半球（新热带区和新北区）的大红蝽亚科 Larginae 包括 3 族 15 属 [Largini Amyot & Serville，1843（10 属）、Arhaphini Bliven，1973（2 属）、Largulini Stehlík & Jindra，2007（4 属）]（Stehlík，2013），东半球（古北区、东洋区、澳洲区、非洲区）的斑红蝽亚科 Physopeltinae Hussey，1929 包括 3 族 9 属 [Physopeltini（7 属），Lohitini（1 属）和 Kmentiini（1 属）]（Stehlík，2013；Stehlík & Kment，2014），斑红蝽属 *Physopelta* 和大红蝽属 *Largus* 的种类数量最多（Hussey，1929；Blöte，1931；Henry，1988，1997，2009；Schaefer，2000；Kerzhner，2001；Cassis & Gross，2002；Stehlík & Jindra，2007；Stehlík & Brailovsky，2011；Stehlík，2013；Stehlík & Kment，2014）。

　　各地区系研究：Henry（1988）记录新北区红蝽 6 属 18 种；Kerzhner（2001）在古北区名录中记载红蝽 16 属 58 种，其中中国 14 属 32 种；刘胜利（1981a）记录中国红蝽 13 属 34 种；Cassis & Gross（2002）记录了澳洲区分布的红蝽种类；Robertson（2004）记录非洲区红蝽 18 属 102 种；Torre（1941，墨西哥美洲北部）、Doesburg（1966，Suriname，6 属 16 种；1968，西半球 *Dysdercus*，40 种 25 亚种）、Melo & Dellapé（2013，Argentina，6 属 22 种）、Carmen（2017，Argentina，7 属 24 种）、Froeschner（1981，Ecuador，3 属 18 种；1999，Panama）、Melo & Dellapé（2013）和 Dellapé & Melo（2014）等记录了新热带区种类情况，Schaefer（2015）在《True Bugs（Heteroptera）of the Neotropics》中总结概述了新热带区的红蝽分类区系特点（15 属）。Hussey（1929）的世界名录仍然是比较重要的参考文献，但近 100 年来，随着各地分类区系研究发展，一些新属、种的发现及分类系统的变动等，红蝽总科种类数量和分类系统发生很大变化，所以此处我们总结前人分类研究，在附录中提供了世界红蝽总科昆虫物种名录和地理分布（见附录），共计记录大红蝽科 2 亚科 6 族 25 属 223 种，红蝽科 49 属 525 种。

红蝽科 Pyrrhocoridae 和大红蝽科 Largidae 的雄性生殖器差别较大，分别与缘蝽总科 Coreoidea 和长蝽总科 Lygaeoidea 的雄性生殖器结构相近，也是 2 科主要区别特征，许多研究者关注 2 科间及与异翅亚目其他科间的亲缘关系（Hussey，1929；China & Miller，1959；Schaefer，1964，1966，2015；Scudder，1959；Štys，1967；Kumar，1968；Štys & Kerzhner，1975；Henry，1997；Zrzazý & Nedvěd，1997；Schaefer & Ahmad，2000；李红梅 等，2006；李敏，2016；门宇 等，2019；Hemala, Kment & Malenovský，2020；Gordon, McFrederick & Weirauch，2016）。根据形态和分子数据研究，红蝽总科 Pyrrhocoroidea 与缘蝽总科 Coreoidea 和长蝽总科 Lygaeoidea 的关系最近（Henry 1997；Xie et al. 2005；Hua et al. 2008；Tian et al. 2011；Li et al. 2012，2016；Johnson et al. 2018；Liu et al. 2018，2019；Song et al. 2019；Weirauch et al. 2019）。Schaefer（1964，1966，2015）认为红蝽科和大红蝽科的关系应该是最近的，并且根据雌性生殖器特征，认为大红蝽科更为原始。本文以长须梭长蝽 *Pachygrontha antennata* 和点蜂缘蝽 *Riptortus pedestris* 为外群，基于 28s rDNA 部分序列的中国红蝽部分属、种的系统发育分析，得出了相同的结论，红蝽和大红蝽确实关系更近（详见分子系统发育分析部分）。Hemala, Kment & Malenovský（2020）通过腹部生殖前节的毛点毛的研究，认为在红蝽总科内的大红蝽科的 2 个亚科与红蝽科之间的关系需要进一步验证，即：［(Larginae + Physopeltinae) + Pyrrhocoridae］和［Larginae + (Physopeltinae + Pyrrhocoridae)］之间关系。

1.2 中国分类研究概况

中国红蝽研究早期主要是外国学者研究阶段。Distant（1904）（印度、斯里兰卡及缅甸）的书中记录红蝽 12 属 52 种，其中在中国已发现的有 11 属 20 种，许多红蝽种类相继在中国南部发现，是研究中国南部红蝽总科的重要文献。此外对中国红蝽分类研究比较重要的文献还包括 Stål（1863，1870）、Stehlík（1999，2006，2007，2009，2014，2017）、Blöte（1931）等分类学家的文章。Hussey（1929）的世界名录记录 360 种，其中中国有分布的仅 14 种；Kerzhner（2001）在半翅目异翅亚目古北区名录中记录 16 属 58 种，其中中国 14 属 32 种。

在中国红蝽总科分类研究中，萧采瑜（1964）在云南生物考察报告（半翅目：红蝽科及大红蝽科）一文记录中国红蝽 13 属 24 种，其中 1 新属、4 新种、4 新记录属和 8 新记录种，新种模式标本保存于中科院动物所，我们均已查看，并在文中描述和图示。《中国蝽类昆虫鉴定手册（半翅目异翅亚目）》中记录红蝽总科 13 属 34 种，其中大红蝽科 3 属 7 种，红蝽科 10 属 27 种（刘胜利，1981a）。刘胜利（1981b）在西藏昆虫考察中记录 1 个新种藏光红蝽 *Dindymus medogensis* Liu，1981，模式标本保存于中科院动物所。Stehlík & Kerzhner（1999）记录了分布于中国台湾和日本的小头斑红蝽 *Physopelta parviceps* Blöte，1931（Blöte，1931；Kerzhner，2001）。Stehlík & Jindra（2006c）建立了分布于我国陕西、湖北和福建的华光红蝽 *Dindymus*（*Dindymus*）*chinensis* Stehlík & Jindra，2006。Rédei 等（2009）记录中国台湾省分布的红蝽总科 8 属 18 种。Rédei（2012）记录了隶属于大红蝽科的 1 个中国新记录属种狄红蝽属 *Delacampius* Distant，1903 和红缘狄红蝽 *Delacampius villosus*（Breddin，1901）在中国广东和海南的分布，该属种在《中国经济昆虫志 第五十卷》中已有记载（刘胜利，1995），但是当时作为隐斑红蝽 *Physopelta immaculata* Liu，1995 新种提出，此处我们将其作为同物异名处理。

经多年野外采集红蝽总科昆虫标本，检视中国农业大学、凯里学院、南宁师范大学收藏的标本，及检查核对中国科学院动物研究所保存的红蝽模式标本，查阅国内外相关文献资料，分类鉴定，在本书中共记录中国红蝽总科 15 属 40 种，大红蝽科 4 属 10 种、红蝽科 11 属 30

种，其中包括贵州省安龙县采集到的 1 个新种，安龙斑红蝽 *Physopelta anlongensis* Zhao & Cao, 2022 **sp. nov.**，及云南省西双版纳勐腊县龙门村采集的 1 中国新记录种，云南眼红蝽 *Ectatops grandis* Stehlík & Kment, 2017（Stehlík & Kment, 2017），并提供了 38 种成虫背腹面观照片，28 种雄虫外生殖器照片。在附录中，提供了世界红蝽总科昆虫名录和物种分布。

2 研究材料和方法

2.1 研究材料

本书所涉及的研究标本主要来自作者多年在我国各省（云南、广西、贵州、四川、湖北、海南、广东、陕西等）广泛野外采集而得，部分珍贵研究材料为中国农业大学昆虫学系李虎教授惠借。中国科学院动物研究所昆虫博物馆张魁艳博士为查看模式标本提供了帮助。野外采集用于分子生物学研究的标本材料浸泡在装满无水乙醇的冻存管中，存放于 −20℃冰箱。分子生物学研究所用标本信息见表 1。

本研究的模式标本和观察标本保存在如下收藏单位，单位缩写如下所示：

CAU，China Agricultural University，中国农业大学，北京，中国。

IOZ，Institut of Zoology，Chinese Academy of Sciences，中国科学院，动物研究所，北京，中国。

KU，Kaili University，凯里学院，凯里，贵州，中国。

MFB，Museum of Forest Biodiversity，Chinese Academy of Forestry，中国林业科学研究院森林多样性博物馆，北京，中国。

NNU，Nanning Normal University，南宁师范大学，南宁，广西，中国。

表1 基于 28S rDNA 部分序列的中国红蝽总科系统发育研究中的标本信息

科 名 Family	物种编号 Species code	种 名 Species	采集地点 Collecting site	样本重复数 Sample size	基因登录号 Accession number
内 群 ingroup					
大红蝽科 Largidae	JH	巨红蝽 *Macrocheraia grandis* (Gray, 1832)	云南勐腊	3	MW396704-6
	SB	四斑红蝽 *Physopelta quadriguttata* Bergroth, 1894	贵州雷公山	3	MW396688-90
	TBB	突背斑红蝽 *Physopelta gutta* (Burmeister, 1834)	贵州茂兰	3	MW396692-94
	XB	小斑红蝽 *Physopelta cincticollis* Stål, 1863	贵州雷山方祥	3	MW396695-97
	ALB	安龙斑红蝽 *Physopelta anlongensis* Zhao & Cao, 2022 **sp. nov.**	贵州安龙	2	MW396670-71
红蝽科 Pyrrhocoridae	ZJ	朱颈红蝽 *Antilochus russus* Stål, 1863	越南	1	MW396700
	J	颈红蝽 *Antilochus coquebertii* (Fabricius, 1803)	贵州安龙	2	MW396678-79

（续）

科 名 Family	物种编号 Species code	种 名 Species	采集地点 Collecting site	样本重复数 Sample size	基因登录号 Accession number
红蝽科 Pyrrhocoridae	KXG	阔胸光红蝽 Dindymus lanius Stål, 1863	贵州茂兰青龙潭	2	MW396680-81
	FG	异泛光红蝽 Dindymus sanguineus（Fabricius, 1794）	广西宁明	4	MW396675-77 MW396691
	C	叉带棉红蝽 Dysdercus decussatus Boisduval, 1835	马来西亚沙巴州	1	MW396699
	LB	联斑棉红蝽 Dysdercus poecilus（Herrich-Schäeffer, 1843）	广西宁明	3	MW396682-84
	LBM	离斑棉红蝽 Dysdercus cingulatus（Fabricius, 1775）	广西龙州	3	MW396685-87
	ABD	暗斑大棉红蝽 Dysdercus fuscomaculatus Stål, 1863	海南尖峰岭	1	MW396701
	YR	原锐红蝽 Euscopus rufipes Stål, 1870	广西金秀大瑶山	2	MW396707-08
	HR	华锐红蝽 Euscopus chinensis Blöte, 1932	贵州兴义万峰林	1	未提交

（续）

科 名 Family	物种编号 Species code	种 名 Species	采集地点 Collecting site	样本重复数 Sample size	基因登录号 Accession number
	Z	直红蝽 *Pyrrhopeplus carduelis*（Stål，1863）	浙江天目山	1	MW396709
	BZ	斑直红蝽 *Pyrrhopeplus posthumus* Horváth，1892	贵州安龙	2	MW396702-03
红蝽科 Pyrrhocoridae	XD	先地红蝽 *Pyrrhocoris sibiricus* Kuschakewitsch，1866	贵州安龙	3	MW396672-74
	QYHC	曲缘红蝽 *Pyrrhocoris sinuaticollis* Reuter，1885	贵州凯里	1	MW396698

外 群 outgroup

科 名 Family	物种编号 Species code	种 名 Species	采集地点 Collecting site	样本重复数 Sample size	基因登录号 Accession number
蛛缘蝽科 Alydidae	/	点蜂缘蝽 *Riptortus pedestris*	/	/	AB725684. 1*
梭长蝽科 Pachygronthidae	/	长须梭长蝽 *Pachygrontha antennata*	/	/	KJ461207. 1*

注："*" 为 NCBI 下载的序列基因登录号，其他为本研究所获得的基因登录号。

2.2 研究方法

2.2.1 分类学研究方法

标本外部形态特征通过 Motic 体视显微镜观察。雄性外生殖器使用 90% 乳酸浸泡，放在 80℃的水浴中煮 10~15min 后，清洗解剖观察。成虫背腹面观图片使用佳能 D60 单反相机拍照，雄性外生殖器使用南宁师范大学北部湾环境演变与资源利用教育部重点实验室的 Nikon SMZ25 体视显微镜拍照系统观察和拍照；测量采用矫正的显微尺测量，所有测量单位为毫米（mm）。体长从头的顶端至前翅末端或腹部末端（短翅型），腹宽为腹部两侧最大宽度。文中所有记述采用刘胜利（1981a）的分类术语和 Kerzhner（2001）的分类系统。

2.2.2 分子生物学研究方法

（1）DNA 的提取、扩增与测序

DNA 提取使用组织提取试剂盒（全式金 EasyPure® Genomic DNA Kit，中国）提取样品总 DNA。PCR 扩增的目的片段为 28S rDNA 基因的部分序列。28S rDNA 部分序列引物参考 Zhang et al.（2014）：上游引物，5'-AGACTCCTTGGTCCGTGTTTC-3'；下游引物，5'-ATCACTCGGCTCGTGGATCG-3'。

PCR 扩增反应体系为 50μL：DNA 模板 1μL，$2 \times$ EasyTaq® PCRSuperMix 25μL，上下游引物（10μM/L）各 1μL，无核酸酶水 22μL。反应程序：94℃ 预变性 3.5min；94℃变性 30s，55℃退 30s，72℃延伸 1min，共 35 个循环，72℃延伸 8min。PCR 产物经 2% 琼脂糖凝胶（全式金 Agarose GS201）电泳检测。电泳和制胶使用的电泳缓冲液为 $1 \times$ Tris-HCl（TAE）缓冲液。制胶染色使用 Gelstain 荧光核酸染色试剂（全式金 Gelstain10000 × GS101），每 10mL 琼脂糖溶液加入 1μL Gelstain 储液。吸取 4μL PCR 产物，配以 1μL 6 × Loading Buffer（全式金 6 × Loading Buffer GH101），混合点至样孔中，并以 Marker（全式金 Tans2K® Plus DNA Marker）作为标准对照。在 55V 恒压下电泳 1.5~2.0h。紫外荧光显影，拍照记录，对于扩增效果

良好且足量的样品委托公司进行纯化和测序。测序由生工生物工程（上海）股份有限公司和广州擎科生物科技有限公司完成。

（2）数据获取和系统发育分析

测序获得41条红蝽总科8属19种的28S rDNA基因部分序列。在NCBI数据库下载和选取蛛缘蝽科的点蜂缘蝽 *Riptortus pedestris* 和梭长蝽科的长须梭长蝽 *Pachygrontha antennata* 作为外群，用于构建系统发育树。本研究所获得的基因序列数据集已经提交NCBI数据库，并获得GenBank登录号 MW396670–MW396709（SUB8762759）（表1）

将数据转化为FAST格式，导入MEGA 6.0软件中，进行序列比对，对齐后长度1070 bp（Thomopson, Gibson & Higgins, 2002），利用MEGA 6.0基于双参数模型（Kimura-two-parameter）计算种间遗传距离（Tamura et al., 2004, 2013），通过邻接法（Neighbor-Joining, NJ）构建NJ树为拓扑结构的50%合一树（Saitou & Nei, 1987）。同时，本研究采用最大似然法（Maxiumum Likelihood, ML），使用IQ-TREE软件（J. Trifinopoulos, 2016）进行系统发育树的构建，选择GTR模型，并使用bootstrap resampling（BP）（Felsenstein, 1985）对各个分支点进行评价，共计检测1000次。

3　形态结构概述

红蝽通常体色鲜艳，橙色、红色、橘红色，少数黑色、暗褐色，前翅革区常具圆斑，大红蝽科如图1A~C，红蝽科如图1D~F；体型一般中等大小，长卵圆形，长约5~50mm。红蝽与其他昆虫一样，如图2所示，体分头、胸、腹三部分。

头部一般呈三角形，中叶长于侧叶；头顶略鼓起，具有"Y"型浅沟，无横缢；复眼着生在头后部两侧；无单眼；触角4节，位于头两侧复眼前方；喙4节，喙基部两侧具有小颊。

胸部分为前、中、后三部分；前胸背板梯形，四角圆钝，具刻点；小盾片三角形，具刻点；前胸腹板具有喙沟；前翅分为革片、爪片和膜片；革片和爪片革质，且具刻点；前翅形成爪片接合缝，包围小盾片；膜片基部具有 2 个翅室，并具有 7 条以上的辐射分枝纵脉或网状脉，呈多条分枝状或不规则疏网状；前、中、后足包括基节、转节、股节、胫节、跗节和爪，适合于行走，前足股节略加粗，且腹面具有刺突。

腹部包括生殖前节和生殖节两部分。雌性生殖前节由第 2~7 节腹板和第 1~7 节背板组成，雄虫包括第 2~8 节腹板和第 1~8 节背板。第 1 腹节退化，仅存第 1 节背板，腹部第 1 可见腹节实际为第 2 节腹板。雄性腹部第 8 节之后为生殖节，雌虫第 8~10 节为生殖节。雄性外生殖器包括尾节，抱器和阳茎 3 个部分，大红蝽科与长蝽总科的雄性生殖器的阳茎结构（高翠青，2010）近似，阳茎包括阳茎基和阳茎体，阳茎体包括阳茎鞘、系膜和阳茎端，阳茎端具有精泵，精泵包括系膜导精管、阳茎端导精管、端突、翼骨片和持骨片。大红蝽科的阳茎端导精管细长盘绕（参见大红蝽科昆虫雄性生殖器图片，各部分结构在安龙斑红蝽 *Physopelta anlongensis* Zhao & Cao, 2022 **sp. nov.** 的雄性外生殖器图中注释），解剖时，内阳茎体内部结构容易自燃伸展；红蝽科的雄性生殖器的阳茎端导精管短，近直（参见红蝽科昆虫雄性生殖器图片，各部分结构在叉带棉红蝽 *Dysdercus decussatus* Boisduval，1835 的雄性外生殖器图中注释），解剖时内阳茎体内部结构不容易自然伸展。雌虫外生殖器包括第 8、9、10 节，由第 1 载瓣片与第 1 产卵瓣，第 2 载瓣片与第 2 产卵瓣，第 3 产卵瓣组成；大红蝽科的雌性第 7 节腹板中纵裂，红蝽科雌性第 7 节腹板正常，无纵裂，该特征是 2 个科区分的主要特征。

4 生物学概述及研究意义

4.1 生物学

4.1.1 若虫和卵

红蝽总科昆虫为不完全变态昆虫，一生经历卵、若虫（5 个龄期）和成虫 3 个阶段（图 2，图 3A~F）。先地红蝽 *Pyrrhocoris sibiricus* Kuschakewitsch，1866 和颈红蝽 *Antilochus coquebertii*（Fabricius，1803）的卵相似，乳白色，表面光滑且无粘液，无卵盖，椭圆形，直接成堆单产在地面（图 3A，G）；小斑红蝽 *Physopelta cincticollis* Stål，1863 的卵金黄色，长椭圆形，表面具有刻点，具有粘液，单产粘附在植物表面（图 3H）。

若虫 5 个龄期（图 3B~F），一般红蝽科 Pyrrhocoridae 若虫鲜红色，而大红蝽科 Largidae 若虫暗黑。2019 年 4 月我们在云南省寻甸县采集到大量先地红蝽 *Pyrrhocoris sibiricus* Kuschakewitsch，1866（红蝽科）若虫，本书记录了该种的 5 个龄期的若虫的形态特征（图 3B~F），如下：

体色：1 龄若虫体浅黄褐色，2 龄若虫体浅朱红色，1、2 龄若虫的各足胫节和股节中部、触角第 1~3 节、第 4 节基部、胸部、头部淡褐色；2 龄触角第 4 节端部大部朱红色。3~5 龄若虫体色相似，体朱红色；头部、触角、胸部、各足、腹部腹背腺、腹部末端浅褐色至黑褐色；前胸背板边缘红色。结构：体长卵圆形，向后部渐宽；1 龄无可见翅芽；2 龄中后胸出现不明显翅芽；3 龄翅芽圆钝；4 龄翅芽显著；5 龄翅芽可见翅脉。各龄若虫形态测量数据如表 2 所示。

表 2 先地红蝽 *Pyrrhocoris sibiricus* Kuschakewitsch，1866
各龄若虫形态测量数据　　　　　　单位：mm

测量部位	龄期				
	1 龄若虫	2 龄若虫	3 龄若虫	4 龄若虫	5 龄若虫
体长	0.80	1.07	3.43	4.91	7.15
腹宽	0.50	0.67	1.77	2.49	3.55

（续）

测量部位	龄期				
	1 龄若虫	2 龄若虫	3 龄若虫	4 龄若虫	5 龄若虫
头长	0.14	0.26	0.65	0.91	0.96
眼前区	0.09	0.15	0.41	0.54	0.58
眼后区	0.01	0.01	0.09	0.12	0.15
复眼间宽	0.30	0.36	0.58	0.74	1.00
触角 I	0.08	0.15	0.49	0.67	0.87
触角 II	0.09	0.17	0.49	0.72	0.93
触角 III	0.08	0.11	0.29	0.51	0.65
触角 IV	0.21	0.21	0.67	0.83	1.01
喙 I	0.11	0.17	0.51	0.68	0.90
喙 II	0.09	0.14	0.40	0.62	0.67
喙 III	0.09	0.13	0.37	0.47	0.52
喙 IV	0.11	0.19	0.40	0.43	0.53
胸部最大宽度	0.47	0.60	1.10	1.66	2.26
小盾片长	/	/	/	0.51	0.93

4.1.2 食性

红蝽大多数为植食性，喜食寄主植物的繁殖器官（种子和果实），部分种类捕食性、杂食性，有时可以昆虫尸体、卵和幼虫等作为辅助食物，有些种类有自相残杀的现象（Ahmad & Schaefer 1987；Schaefer & Ahmad 2000；Kerzhner 2001）（图 4A~F）。植食性种类红蝽的主要寄主植物是锦葵科 Malvaceae 和椴树科 Tiliaceae 植物，主要取食种子（包括脱落种子）和果实，例如在广西宁明县拍摄到离斑棉红蝽 *Dysdercus cingulatus* 取食锦葵科植物果实（图 4A，B），离斑棉红蝽 *Dysdercus cingulatus*、柯宁棉红蝽 *Dysdercus koenigii* 是棉花的重要害虫（Pearson 1958；Schaefer 2015）；先地红蝽 *Pyrrhocoris sibiricus* Kuschakewitsch, 1866 为植食性，在食物不足时或羽化时，会发生自相残杀现象（图

4C）；斑直红蝽 *Pyrrhopeplus posthumus* Horváth，1892 在广西隆林县寄生在锦葵科地桃花 *Urena lobata* 上取食（图 1F）。颈红蝽属 *Antilochus* 和光红蝽属 *Dindymus* 为捕食性类群（图 4D~F），捕食能力强，在图 4D 中，颈红蝽正在捕食个体较大的巨缘蝽，据记载可以捕食双翅目、鞘翅目幼虫等，我们观察到颈红蝽 *Antilochus coquebertii* 最喜欢捕食离斑棉红蝽等植食性红蝽，可以作为天敌昆虫用于棉田棉红蝽害虫防治；异泛光红蝽 *Dindymus sanguineus* 捕食能力强，可以捕食各种昆虫和节肢动物（包括鼠妇、马陆）（图 4E，F）。

4.1.3 栖息生境及其他行为

大多数红蝽总科昆虫 Pyrrhocoroidea 生活在地面或低矮的植物上，为地栖类群，善于地表爬行，偶尔会出现在高大灌木或树木上（Schaefer & Ahmad，2000）。红蝽体色鲜艳，前翅革区具有 2 个黑色圆斑，具有警戒色的作用，鸟类和两栖动物捕食者可能不喜欢而免于被捕食；红蝽的体色类型与其他昆虫形成拟态关系，在新热带区的棉红蝽属种类（43 种）被认为存在 3 个拟态环（Zrzavý 1994；Zrzavý & Nedvěd 1997，1999）。

大红蝽科对灯光具有明显的趋性（图 1A，B）；红蝽科的曲缘红蝽 *Pyrrhocoris sinuaticollis* Reuter，1885 具有趋光性，该科大部分种类没有明显趋光性。

红蝽成虫和若虫具有聚集性，由于植食性红蝽昆虫多数具有专一的寄主植物，所以我们会在有寄主植物的地方发现许多红蝽成虫和若虫聚集发生，而且在越冬前夕、繁殖季节也会发生大量聚集行为，如：在广西宁明县花山蝴蝶谷、广西武鸣县采集发现：细斑棉红蝽 *Dysdercus evanescens* 和离斑棉红蝽 *Dysdercus cingulatus* 大量成虫和若虫聚集发生在锦葵科植物上（图 4A），或者取食地上掉落的木棉 *Bombax ceiba* 种子；在广西隆林县，斑直红蝽 *Pyrrhopeplus posthumus* 大量出现在寄主植物锦葵科地桃花上（图 1F）；捕食性种类也会发生聚集现象，2020 年 7 月在广西防城港市金花茶自然保护区，异泛光红蝽 *Dindymus sanguineus* 大量出现和交配繁殖（图 5A）；2021 年 6 月在广西玉林大容山的异泛光红蝽 *Dindymus sanguineus* 成虫大量发生，若虫会发生聚集现象（图 4G）；2013 年 10 月在贵州省安龙县，越冬前夕，大量斑直红蝽 *Pyrrhopeplus posthumus* 和颈红蝽 *Antilochus coquebertii* 聚集发生，交配繁殖（图 5B，C）；此外，我们观察发现，在广西宁明花山和广西隆林金钟山的离斑棉红蝽，及贵州安龙斑直红蝽的大量聚集出现时，均同时伴有大量捕食性的颈红蝽 *Antilochus coquebertii* 若虫和成虫混合存在其中发生，颈红蝽食量大、捕食能力强，它们捕食离斑棉红蝽、斑直红蝽的成虫和若虫，对离斑棉红蝽、斑直红蝽的种群数量有一定控制作用；Kohno 等（Kohno, Takahashi & Sakakibara, 2002；Kohno, 2003）也报道了颈红蝽属是棉红蝽捕食者。

红蝽科昆虫的交配主要以尾对尾的方式进行（图 4A，图 5A~C）。红蝽科的颈红蝽、先地红蝽、曲缘红蝽等地栖性的红蝽以单产的方式产卵在地表或土壤缝隙中，卵表面光滑（图 3A，G），大红蝽科的小斑红蝽以单产方式将卵粘附在植物表面（图 3H）。根据章士美和胡梅操（1993）的《中国半翅目昆虫生物学》：离斑棉红蝽 *Dysdercus cingulatus* 在云南省开远市 1 年 2 代，广西南宁市、台湾地区 1 年 6 代；在云南开远以卵越冬为主，但在寄主植物土表缝隙间有少数成虫、若虫；在台湾、广西南宁多为若虫越冬。

4.2　研究意义

红蝽总科昆虫多数种类是植食性，可以通过刺吸式口器吸食寄主植物的花、叶及嫩枝，对农林业生产造成危害和不同程度经济损失，与人类的生产生活关系密切（Schaefer & Ahmad, 2000），例如：离斑棉红蝽 *Dysdercus cingulatus*、柯宁绵红蝽 *Dysdercus koenigii* 和始红蝽 *Pyrrhocoris apterus* 等是红蝽总科中的重要农林害虫（刘若思，2017）。

离斑棉红蝽主要危害锦葵科植物棉花，吸取棉花汁液，使得棉籽不能成熟，在棉铃上排泄物污染纤维，偶害甘蔗、玉米等。棉红蝽还可以成为植物病原微生物的传播载体（Muhammad et al.，2017；Anita & Pankaj，2015；Schaefer，2015；Schaefer & Ahmad，2000；Squire，1939），一些红蝽取食植物幼嫩枝叶的汁液生活，通过刺吸式口器刺吸嫩叶的汁液，导致幼叶病变或枯黄，例如：直红蝽 Pyrrhopeplus carduelis 寄生在油茶树上，对油茶造成严重危害，还可以危害茶、苎麻、木荷等。此外红蝽还会危害多种农林经济作物，例如紫胶林、杧果、桑树、茶树、松树、葡萄、桉树、朱瑾等（李巧等，2009；谭济才等，2003；戴轩，2010；史胜利和徐正会，2006；陈佩珍和顾茂彬，2000；何建群等，2016；司徒英贤和郑毓达，1983；陈汉林等，1995；刘晨等，2013；黄雅志，1992；杨舒婷等，2011）。目前，红蝽害虫主要采用化学方法进行防治。化学药剂包括：生长调节剂类、拟除虫菊酯类、铁刀木花植物提取物、阿维菌素等（Amarjit，1989；Sabita，1989；怀勉，1989；Raghunatha，1988；刘治俊，1988；Raju，1993；乐海洋，1993；宋树恢，1990；Tikku et al.，1999；Rabia et al.，2020）。但是害虫的抗药性在显著提高（Saeed，Abbas，Razaq et al.，2018；Saeed & Abbas，2020；Sarwar et al.，2018），也有利用天敌昆虫、有益菌进行离斑棉红蝽生物防治的研究（Ambrose & Claver，1999）。

然而，红蝽也并非都是有害的种类，例如：颈红蝽属 Antilochus 和光红蝽属 Dindymus 种类为捕食性或杂食性，常捕食危害棉花的离斑棉红蝽等植食性害虫，人们可以将其作为天敌昆虫来加以保护和利用。离斑棉红蝽、始红蝽和柯宁绵红蝽已经成为科学实验的模式生物，为昆虫生理、毒理、解剖、生物化学等科学研究做出了贡献（Stein，1967；Kumar et al.，1978；Farine et al.，1992；Konstantin et al.，2014；Mohan & Muraleedharan，2005；Sahayaraj et al.，2012；Shahi & Krishna，1986），许多学者还以始红蝽为模式生物研究昆虫耐寒、越冬、聚集、交配行为等生物学行为（曹凯丽等，2018；钱雪等，2016；苏延乐等，2007；Richard，1987、1995）。

红蝽科昆虫体色鲜艳，与人类关系密切，但人们对红蝽了解甚少。我们对中国红蝽总科进行分类研究，通过外部形态特征及生殖器结构解剖对比，对红蝽总科进行分类研究，描述记录中国红蝽种类及地理分布、寄主植物等；利用核糖体基因 28S rDNA 部分序列作为分子标记，建立部分属种的系统发育树，对红蝽总科的单系性、中国红蝽总科部分属种间系统发育关系进行分析和讨论。希望这些工作将有助于人们对中国红蝽总科昆虫的了解，帮助国内有关专业人员、昆虫工作者等对红蝽的认识和物种鉴定。

5 分子系统发育分析和物种界定

形态特征是红蝽总科昆虫分类鉴定的主要依据，但是红蝽部分属内种间差异并不大，往往会以体色或者色斑区分，较难把握；此外针对本研究发现的新种，还需依靠分子手段研究其分类地位，探究传统分类发现的新种的准确性；再者，红蝽总科的大红蝽科和红蝽科分别与长蝽和缘蝽具有密切的关系。基于以上三点原因，为了进一步的探讨红蝽的系统地位，以及红蝽各属种的系统发育关系，我们对中国分布的红蝽总科昆虫进行了初步的系统发育分析，选择了中国红蝽总科部分种类昆虫进行提取 DNA，PCR 扩增 28S rDNA 部分序列，通过与 NCBI 数据库比对，确定目的片段，选择蛛缘蝽科和梭长蝽科的点蜂缘蝽 *Riptortus pedestris* 和长须梭长蝽 *Pachygrontha antennata* 作外群，分析遗传距离和构建系统发育树。

本研究获得 8 属 18 种 41 条 28S rDNA 部分序列的数据集，对齐后长度 1070bp，保守位点 652 个，变异位点 415 个，简约信息位点 391

个，自裔位点 23 个。分组分种计算基于 28S rDNA 部分序列数据集的双参数模型计算遗传距离范围，平均遗传距离 14.59%，种内遗传距离 00.16%~1.52%，种间遗传距离为 3.49%~24.57%（表 4）。根据表 4，种间遗传距离与分类研究基本一致，除了暗斑大棉红蝽与叉带棉红蝽的种间遗传距离为 0.9955%（小于 3%）及先地红蝽种内遗传距离为 5.40%（大于 3%），未放在统计范围，需积累更多标本进一步分析研究（Hebert et al.，2003）。新种安龙斑红蝽 *Physopelta anlongensis* Zhao & Cao, 2022 **sp. nov.** 与中国斑红蝽属 *Physopelta* 已知种类的遗传距离在 3.49%~6.18%（表 3），与巨红蝽属 *Macrocheraia* 巨红蝽 *M. grandis* 遗传距离较大，为 19.30%，显然与巨红蝽属较远，与斑红蝽属成员具有较近亲缘关系，但明显存在种间差异，所以应将该新种安排在斑红蝽属较为合适。

表 3 中国大红蝽科部分属种基于 28S rDNA 部分序列的种间遗传距离

序号 No.	种名 Species	遗传距离 Interspecies Genetic distance			
		1	2	3	4
1	安龙斑红蝽 *Physopelta anlongensis* Zhao & Cao, 2022 **sp. nov.**				
2	巨红蝽 *Macrocheraia grandis*（Gray，1832）	0.193019			
3	四斑红蝽 *Physopelta quadriguttata* Bergroth，1894	0.059898	0.180849		
4	突背斑红蝽 *Physopelta gutta*（Burmeister，1834）	0.061794	0.184637	0.056681	
5	小斑红蝽 *Physopelta cincticollis* Stål，1863	0.049828	0.177614	0.034944	0.037675

表 4 中国红蜻总科部分属种基于 28S rDNA 部分序列的种内、种间遗传距离

物种编号 Species code	种内遗传距离 Intro-species Genetic distance	ABD	BSP	BZ	C	XD	FG	HR	J	JH	KXG	LB	LBM	SB	TBB	XB	QYHC	YR	ZJ
																			种间遗传距离 Inter-species Genetic distance
ABD	n/c																		
ALB	n/c	0.20581																	
BZ	n/c	0.12610	0.20069																
C	n/c	0.00995	0.20160	0.12111															
XD	0.054	0.10244	0.19705	0.04861	0.10215														
FG	0.0152	0.12353	0.22041	0.11200	0.12165	0.10341													
HR	0.0137	0.11423	0.20543	0.11499	0.11953	0.10148	0.13024												
J	0.0112	0.10630	0.19302	0.06482	0.10922	0.06484	0.08699	0.08883											
JH	0.0096	0.22484	0.13681	0.24572	0.22841	0.21604	0.23869	0.23908	0.21237										
KXG	0.0093	0.11478	0.21118	0.11075	0.11811	0.09572	0.05021	0.12041	0.07459	0.23233									
LB	0.0087	0.05493	0.20851	0.12818	0.05111	0.11574	0.11141	0.13077	0.10759	0.24372	0.11753								
LBM	0.007	0.06118	0.21512	0.12933	0.06128	0.12320	0.11271	0.13351	0.11286	0.24159	0.11394	0.03330							
SB	0.0069	0.21170	0.05990	0.21964	0.21522	0.20238	0.22634	0.21229	0.18085	0.12870	0.21223	0.21515	0.21991						
TBB	0.0062	0.21823	0.06179	0.21229	0.22076	0.20217	0.21590	0.21672	0.18464	0.12920	0.21615	0.21582	0.22753	0.05668					
XB	0.0035	0.20721	0.04983	0.19789	0.21074	0.19392	0.20548	0.20141	0.17761	0.10675	0.20267	0.20025	0.20760	0.03494	0.03768				
QYHC	0.0029	0.08683	0.18849	0.03269	0.08853	0.01863	0.09607	0.07954	0.06143	0.19914	0.08561	0.10171	0.11265	0.19353	0.19601	0.18904			
YR	0.002	0.14109	0.21552	0.13349	0.13842	0.11729	0.11299	0.11941	0.08965	0.25342	0.11277	0.13272	0.12946	0.22689	0.22094	0.20928	0.10976		
ZJ	0.0016	0.10943	0.19050	0.05276	0.10922	0.05756	0.09749	0.09332	0.03818	0.21997	0.09073	0.11275	0.12043	0.18760	0.19392	0.18105	0.04602	0.10980	

注：物种编号参见表 1。

根据系统发育树结果（图6），我们得到以下3点结论：

①基于核糖体基因28S rDNA部分序列构建的系统发育树结果与传统形态分类基本相同，红蝽总科与外群完全分隔开，点蜂缘蝽 *Riptortus pedestris* 和长须梭长蝽 *Pachygrontha antennata* 分为一进化支，红蝽总科分为一进化支，可见，基于8属18种41条28S rDNA部分序列，及蛛缘蝽科和梭长蝽科2种为外群所构建的数据集而建立的系统发育树，可以证明红蝽总科具有单系性，红蝽科和大红蝽科2科关系更近，但是此处研究材料有限，此问题仍需进一步研究；红蝽总科内大红蝽科与红蝽科也有明显的分界线，与形态学分类鉴定一致。

②形态分类中发现的新种安龙斑红蝽 *Physopelta anlongensis* Zhao & Cao, 2022 **sp. nov.** 隶属于斑红蝽属 *Physopelta*，分子分类地位与形态分类结果一致，该新种与斑红蝽属中的四斑红蝽、突背斑红蝽、小斑红蝽分在同一进化支上，为在形态学分类上此新种的分类地位确定提供了依据。

③在大红蝽科一进化支，巨红蝽属巨红蝽与斑红蝽属的4个种具有共同祖先。在红蝽科一进化支上，棉红蝽属的联斑棉红蝽、离斑棉红蝽、叉带棉红蝽和暗斑大棉红蝽形成一进化支；光红蝽属的阔胸光红蝽与泛光红蝽在一支上；光红蝽属与锐红蝽属和棉红蝽属形成一进化支，华锐红蝽没有与原锐红蝽在一支上，这与传统分类鉴定有出入；颈红蝽属的朱颈红蝽与颈红蝽在一支上；直红蝽属的斑直红蝽与直红蝽一支，与红蝽属的先地红蝽与曲缘红蝽一支，具有共同祖先，基部合为一支，直红蝽属和红蝽属的姊妹群又与颈红蝽属基部合为一支。红蝽科一进化支上，明显可以分出2个分支，即红蝽属团（包括红蝽属、颈红蝽属、直红蝽属）和棉红蝽属团（棉红蝽属、光红蝽属、锐红蝽属）。因此可以得出结论：根据28S rDNA部分序列所建立的系统发育树与传统分类基本一致，并且为红蝽科的高级阶元（亚科、族）划分提供了一些参考。

II

中国红蝽总科种类记述

本书共记录中国红蝽总科 2 科 15 属 40 种，其中大红蝽科 4 属 10 种、红蝽科 11 属 30 种，包括在贵州安龙县采集到的 1 新种安龙斑红蝽 *Physopelta anlongensis* Zhao & Cao, 2022 **sp. nov.**，及在云南西双版纳勐腊龙门采集的 1 中国新记录种云南眼红蝽 *Ectatops grandis* Stehlík & Kment, 2017。

本书对喙红蝽属 *Scantius* 在我国的真实分布情况做了讨论，根据 Hussey（1929）和刘胜利（1981a），中国喙红蝽属 *Scantius* 记录 2 种，网脉喙红蝽 *S. reticulatus*（Signoret，1881）和台湾喙红蝽 *S. formosanus* Bergroth，1914，均首次及仅在我国发现。但喙红蝽属种类多分布在非洲、欧洲，Kerzhner（2001）和 Stehlík & Kerzhner（1999）后来将台湾喙红蝽 *S. formosanus* Bergroth，1914 作为先地红蝽 *Pyrrhocoris sibiricus* Kuschakewitsch，1866 的同物异名，Stehlíik & Kerzhner（1999）将 *Dermatinus reticulatus* Signoret，1881 [=*S. reticulatus*（Signoret，1881）] 也作为先地红蝽 *Pyrrhocoris sibiricus* Kuschakewitsch，1866 的同物异名。所以喙红蝽属在中国暂时没有种类分布。

遗憾的是，中国还记录有 3 种红蝽本书没有记述，包括：锐红蝽属 1 种 *Euscopus distinguendus* Blöte，1933（中国南方、中南半岛和加里曼丹岛），红蝽属 2 种 *Pyrrhocoris fuscopunctatus* Stål，1858（中国西部、蒙古和俄罗斯等）和 *Pyrrhocoris marginatus*（Kolenati，1845）（欧洲和亚洲，包括中国西北）。此外，《云南森林昆虫》的红蝽科检索表中记录红蝽 2 新种，采自云南耿马的长腹硕红蝽 *Probergrothius longiventris*（Liu，1987）= *Odontopus longiventris* Liu，1987 和云南双江的曲华红蝽 *Brancucciana*（*Brancucciana*）*sinuaticollis*（Liu，1987）（刘胜利，1987），但是没有记述形态特征和模式标本信息，Kerzhner（2001）记载该种的模式标本保存在中国科学院动物研究所，但是我们并没有在中国科学院动物研究所查找到模式标本，因此本书没有记述这 2 种。

红蝽总科 Pyrrhocoroidea Amyot & Serville，1843

Pyrrhocoroidea Amyot & Serville，1843：265（Pyrrhocorides）.

Pyrrhocoroidea Southwood，1956；Robertson，2004：1.

总科特征 体长卵形，小至大型，5.0~50.0mm；体色通常具有鲜艳红色、橘红色，少数种类暗褐色、黑色，前翅常具黑色圆斑；无单眼；触角 4 节；喙 4 节；前翅爪片形成爪片接合缝；前翅膜片基部具 2 翅室，其外侧具 7~8 条分枝纵脉，或呈不规则疏网状；雌虫第 7 节中央具明显纵缝。

分　布 世界性分布。

红蝽总科 Pyrrhocoroidea Amyot & Serville，1843 分科检索表

1. 一般中、大型；雌虫腹部第 7 节腹板中央具纵缝；雄性生殖器阳茎端导精管细长、盘绕卷曲……………………… 大红蝽科 Largidae Amyot & Serville，1843

-. 一般中、小型；雌或雄虫腹部第 7 节腹板中央完整、无纵缝；雄性生殖器阳茎端导精管短，近直，无盘绕卷曲 ……………………………………………………………………………… 红蝽科 Pyrrhocoridae Amyot & Serville，1843

1 大红蝽科 Largidae Amyot & Serville，1843

Largidae Amyot & Serville，1843：273（Largides）. Type genus：*Largus* Hahn，1831. New world.

Astemmatidae Bergroth，1913：165（Astemmatinae）. Based on *Astemma* sensu Stål，1866，1870（=*Rosaphe* Kirkaldy & Edwards，1902）.

Euryophthalminae Kirkaldy & Edwards，1902：161（Euryophthalmini）. Type genus：*Euryophthalmus* Laporte，1833（=*Largus* Hahn，1831）.

科　征　体卵圆形、长椭圆形或长形，小至大型，最小个体约 7.0mm，最大个体超过 50.0mm，一般 10~30mm。体红色、橘黄色，或者黑色、褐色。无单眼；头部三角形，中叶长于侧叶；触角和喙 4 节。雄性个体前胸背板前叶胝区一般较为向前隆起，领或多或少减少或无；前翅膜区具有 2 基室，其上具有 7~8 条辐射分枝纵脉；雌虫腹板第 7 节中央具有纵缝；雄虫生殖器构造接近长蝽，阳茎端导精管细长、盘绕。

分　布　世界性分布。

简　记　该科包括 2 个亚科：西半球的 Larginae Amyot & Serville，1843 和东半球的 Physopeltinae Hussey，1929。西半球的热带地区（新热带区）种类数量多，东半球种类数量少。

中国大红蝽科 Largidae Amyot & Serville，1843 分属检索表

1. 体小型，小于 10 mm ·················· 狄红蝽属 *Delacampius* Distant，1903

–. 体中到大型，大于 10 mm ···2

2. 体大型；触角极长，第 1 节长于头及前胸背板长度之和的 2 倍；头长于宽，较延长，由眼至触角基前端的距离约为眼长的 2 倍 ·····························
················· 巨红蝽属 *Macrocheraia* Guérin-Méneville，1835

–. 体中型；触角正常，第 1 节短于头及前胸背板长度之和；头短于或等于宽，由眼至触角基前端距离等于或稍短于眼长 ·····························3

3.前胸背板前叶隆起部分伸达前缘，其侧缘窄，不明显向上翘折；前翅革片一

般具黑色或棕色圆斑 …………… 斑红蝽属 *Physopelta* Amyot & Serville，1843

-.前胸背板隆起部分不伸达前缘，其侧缘扩展，强烈向上翘折；前翅革片无

上述圆形斑 ……………………………… 翘红蝽属 *Iphita* Stål，1870

斑红蝽亚科 Physopeltinae Hussey，1929

Physopeltinae Hussey，1929：28. Type genus：*Physopelta* Amyot & Serville，1843.

斑红蝽族 Physopeltini Hussey，1929

Physopeltini Hussey，1929：28. Type genus：*Physopelta* Amyot & Serville，
1843：271.

1.1 狄红蝽属 *Delacampius* Distant，1903

Delacampius Distant，1903：252；Rédei et al.，2012：125；Stehlík &
Kerzhner，1999：121. Type species by monotypy：*Delacampius typicus*
Distant，1903.

属　征　体型小，长椭圆形。头等边三角形；触角第1节略长于头，
第3节最短，其余各节约等长，第4节一般黄白色；喙伸达后足基节，
喙第1节短于头，略长于头一半。前胸背板略横宽，侧缘翘折，横缢明
显；前叶略圆鼓，前缘略凹入；前叶侧缘、横缢处和后叶刻点明显；前
足股节腹面刺发达。

分　布　东洋区、澳洲区。

简　记　世界已知11种，中国1种。

（1）红缘狄红蝽 *Delacampius villosus*（Breddin，1901）（图7，图8）

Physopelta villosa Breddin，1901：11.

Delacampius villosa：Rédei et al. 2012：125.

Physopelta immaculata Liu，1995：111. **New synonym.**

体　色　体深红褐色至黑褐色。前胸背板侧缘、前翅革片前缘红色；触角第4节乳白色，端部黑褐色（图7）。

结　构　体小型，长椭圆形（图7）。体腹面被淡黄褐色长刚毛。前胸背板、前翅革片和爪片刻点。头三角形，头顶略隆起；触角第1节略长于头，触角第2节约等于第1节；喙伸可达后足基节之间，其第1节稍长于头长一半。前胸背板前叶略隆起，后部略凹陷，前叶与后叶之间的横缢刻点；前足股节腹面具有2列强刺，中、后足胫节具明显1列刺。雄性生殖器（图8）：尾节圆，尾节突宽圆，内侧突起端部尖锐（图8A~C）；抱器端部指状突起，近中部一侧膨大圆鼓，着生有长刚毛（图8D~F）；阳茎如图8G~I所示。

量　度　[♂（n=3）/♀（n=2），mm] 体长6.60/7.42~7.72；腹部最大宽度2.58/2.86~2.94；头长0.94/0.90~1.02；眼前区0.49/0.38~0.46；眼后区0.10/0.13~0.15；复眼间宽0.77/0.77~0.79；触角长I–IV=1.10/1.06~1.08，1.09/1.15~1.26，0.66/0.69~0.73，1.49/1.58~1.65；喙长I–IV=0.73/0.56~0.59，0.85/0.80~0.85，0.72/1.08~1.11，0.79/0.91~0.84；前胸背板前叶0.56/0.50~0.58；前胸背板后叶0.70/0.70~0.76；胸部最大宽度2.25/2.50~2.51；小盾片长1.06/1.16~1.18；前翅长4.90/5.38~5.68。

观察标本　1♂，海南，霸王岭，青松乡，吴云飞采集，保存在CAU；2♀，广西，防城港，金花茶自然保护区，2020–VI–10，保存在MFB；2♂，Indonesia，West Sumatra，MT. SANGGUL，1200m alt.，30km N of Payakumbuh，2014–XI–14，by light.，保存在CAU。

分　布　广东（肇庆）、广西（防城港）、海南（霸王岭、尖峰岭、五指山）；老挝、印度尼西亚、马来西亚。

寄　主　未知。

简　记　根据刘胜利等（1995）在《中国经济昆虫志 第五十卷》记

录的隐斑红蝽 *Physopelta immaculata* 的描述，隐斑红蝽应该是红缘狄红蝽 *Delacampius villosus* 的同物异名。产自中国的标本前胸背板侧缘和前翅前缘红色，产自马来西亚的标本前胸背板侧缘和前翅前缘为黄褐色，体色有差异。

1.2 翘红蝽属 *Iphita* Stål，1870

Iphita Stål，1870：91，99；Distant，1903/1904：96. Type species by monotypy：*Iphita limbata* Stål，1870.

Dindymellus Distant，1919：221（syn. Blöte，1931：101）. Type species by monotypy：*Dindymellus coimbatorensis* Distant，1919. India.

属　征　体椭圆形。体红褐色至黑褐色，体两侧边缘浅色，前翅革片中部无黑色圆斑。头略大，等边三角形，向前突出；触角第1节长于头，但短于头和前胸背板长度之和；喙伸达后足基节，喙第1节略短于头，第4节短于第3节。前胸背板前叶中部突出圆鼓，不伸向前缘，与前缘明显分开，前缘略凹入，侧缘翘折；前足股节腹面刺发达。

分　布　东洋区。

简　记　Stehlík & Kment（2014）回顾了该属的所有种类，共计15种，中国海南和云南记录1种。

（2）翘红蝽 *Iphita limbata* Stål，1870（图9，图10）

Iphita limbata Stål，1870：99；Jaroslav et al.，2014：176.

体　色　体棕黑色。触角第4节基部、前胸背板侧缘、前胸腹板前缘（或无）、前翅革片前缘、腹部侧接缘黄白色或淡红色；各足基节和转节、股节末端、胫节基部棕红色（图9）。

结　构　体大型，长椭圆形。头较大，三角形，头顶显著隆起；触角第1节长于头，但短于头及前胸背板长度之和，触角第2节稍长于第

1 节；喙伸达后足基节之间，其第 1 节稍短于头长。前胸背板前叶后部隆起，前部略凹陷，前叶与后叶之间的横缢显著；前足股节腹面近末端有 3 或 4 个强刺，中、后足胫节具明显刺列（图 9）。雄性生殖器（图 10）：尾节圆，后缘平，中间略凹入，尾节突圆钝（图 10A~C）；抱器端部具有 2 个突起，亚端部突起圆钝，端部突起顶端略呈弯钩状（图 10D~F）；阳茎如图 10G~I 所示。

量　度　[♂（n=4）/ ♀（n=1），mm] 体长 18.02~20.50/22.00；腹部最大宽度 7.01~7.36/7.58；头长 2.15~2.50/2.29；眼前区 1.29~1.50/1.43；眼后区 0.14~0.36/0.14；复眼间宽 1.71~1.72/3.07；触角长 I–IV=3.58~3.79/4.29，2.72~3.86/4.43，2.29~2.30/2.86，2.43~3.22/4.00；喙长 I–IV=2.43~3.29/2.72，2.72~2.86/2.86，1.64~2.00/2.15，1.71~1.72/2.29；前胸背板前叶 1.57~1.86/2.00；前胸背板后叶 2.00~2.15/2.15；胸部最大宽度 6.22~6.36/5.93；小盾片长 2.78~2.79/2.86；前翅长 12.30~13.77/14.30。

观察标本　1 ♂，1 ♀，2013–VIII–4，1 ♂，2013–IV–19，云南，勐腊，赵萍采集，保存在 KU；2 ♂，2016–V–VI，NW Myanmr，Chin state，CHIN HILLS，alt. 400~500m，NW of Falam，保存在 CAU。

分　布　云南（景洪、小勐养、勐腊、红河、勐仑、保山芒宽）、海南（琼中）；越南、印度、柬埔寨、孟加拉国、印度尼西亚、马来西亚、缅甸、老挝、泰国、尼泊尔。

寄　主　未知。

1.3　斑红蝽属 *Physopelta* Amyot & Serville，1843

Physopelta Amyot & Serville，1843：271. Type species by subsequent designation：

　　Physopelta erythrocephala Amyot & Serville，1843（ =*Cimex albofasciatus* De Geer，1773）.

Neophysopelta Ahmad & Abbas，1987：132，134（syn. Stehlík & Kerzhner，

1999：121）．Type species by monotypy：*Cimex slanbuschii* Fabricius，1787．

属 征 体小到中型。体长椭圆形，两侧近平行。体色一般红褐色，前翅革片具有圆斑。头部三角形，复眼向两侧、向前突出，无眼柄。前胸背板前叶胝区一般隆起直到前缘（雄性显著，雌性不显著），领小或无；前胸背板侧缘一般不显著翘折，边缘狭；前胸背板中部横向不缢缩，略凹入。前足股节略加粗，腹面具有 1 列刺突，端部刺突显著。

分 布 非洲区、东洋区、澳洲区。

简 记 世界已知 4 亚属 30 种 [*Physopelta*（3 species，Oriental Region），*Neophysopelta*（21 species，4 subspecies，Oriental and Australian Regions），*Physopeltoides*（1 species，Afrotropical Region）and *Afrophysopelta*（5 species，Afrotropical Region）]（Stehlík，2013）。中国已知 2 亚属 7 种。该属种类突背斑红蝽、四斑红蝽、小斑红蝽在中国南方为常见种类，具有趋光性，夜晚可诱集较大数量个体。

中国斑红蝽属 *Physopelta* Amyot et Serville，1843 分种检索表

1. 前翅革片一色，中央无黑色圆斑 ……………………………………………………
…………………… 安龙斑红蝽 *Physopelta anlongensis* Zhao & Cao，2022 **sp. nov.**

-. 前翅革片中央具黑色圆斑 …………………………………………………………2

2. 触角第 1 节长于第 2 节；革片棕色，其中央斑界限模糊 ……………………
…………………… 浑斑红蝽 *Physopelta robusta* Stål，1863

-. 触角第 1 节等于或短于第 2 节；革片中部黑色斑界限清晰 …………………3

3. 前翅膜片淡棕色，半透明 ………………………………………………………
…………………… 四斑红蝽 *Physopelta quadriguttata* Bergroth，1894

-. 前翅膜片黑色 ………………………………………………………………………4

4. 前胸背板背面有 4 个明显黑斑；腹部腹面各节侧后缘具黑色宽带……………
…………………… 显斑红蝽 *Physopelta slanbuschii*（Fabricius，1787）

-. 前胸背板黑褐色，边缘红褐色或红色，不具有明显黑斑；腹部腹面各节侧后缘无上述带纹 ·· 5

5. 个体较大，体稍延长；雄性前胸背板前叶强烈突出，雌性略隆起；革片顶角黑色 ························· 突背斑红蝽 *Physopelta gutta*（Burmeister，1834）

-. 个体较小，长椭圆形；前胸背板前叶微隆起；革片顶角黑斑近三角形 ······6

6. 头部正常；触角相对较长；前胸背板向前不显著缢缩；革片黑斑较大，并位于革片中部靠下；爪片和革片基部与外缘和革片后部相比，颜色加深，带黑褐色 ·························· 小斑红蝽 *Physopelta cincticollis* Stål，1863

-. 头部明显小，因复眼相对大；触角相对较细短；前胸背板向前缢缩；革片黑斑更小更圆，并位于革片中部；爪片和革片基部与外缘和革片后部相比，颜色不加深，浅红色 ············· 小头斑红蝽 *Physopelta parviceps* Blöte，1931

（3）安龙斑红蝽 *Physopelta anlongensis* Zhao & Cao，2022 **sp. nov.**（图11，图12）

体　色　体红色。头部、喙、触角（除第4节基半部黄白色）、各足（除基节和转节红褐色）、前翅膜区（除基部和外缘黄色）、胸部侧板和腹板、腹部各节腹板节间缝黑色；前胸背板中部和小盾片中部暗红褐色；腹部腹面，各足基节和转节深红色至红褐色（图11）。

结　构　长椭圆形。体被斜生长短不一白色细毛。前胸背板、小盾片、前翅革片和爪片具有大刻点。头三角形；触角第1节约等长于第2节，第3节最短；喙伸达后足基节间。前胸背板前叶稍隆起；雄虫前足股节稍粗大，其腹面具有2列齿突，近端部有2或3个刺（图11）。雄性生殖器（图12）：尾节宽圆，中部尾节突短小（图12A~C）；抱器端部具有2个突起，端部突起角状，近直，亚端部突起圆钝、耳状（图12D~F）；阳茎如图12G~I所示。

量　度　[♂（n=1）/♀（n=1），mm] 体长12.51/13.30；腹部最大宽

度 4.50/4.72；头长 1.80/2.16；眼前区 0.90/1.08；眼后区 0.48/0.42；复眼间宽 1.05/1.15；触角长 I–IV=2.82/3.18，2.88/3.00，1.65/1.80，2.55/2.70；喙长 I–IV=1.08/1.44，1.38/1.56，1.44/1.56，1.32/1.50；前胸背板前叶 1.20/1.32；前胸背板后叶 1.08/1.26；胸部最大宽度 4.32/4.02；小盾片长 1.20/1.92；前翅长 9.50/9.90。

模式标本 正模，♂，贵州，安龙，烈士陵园，2013–X–6，赵萍、杨坤采集，保存在 CAU；副模，1 ♀，信息同正模。

种名来源 标本采自贵州省安龙县（Anlong），种名根据采集地点而命名。

分 布 贵州（安龙）。

讨 论 新种前翅革片无圆斑，该特点不同于斑红蝽属其他成员。新种与小斑红蝽的一般体型比较近似，但是体色和色斑明显不同，并且新种的抱器端部较为尖锐，小斑红蝽的端部圆钝。基于 28S rDNA 部分序列的遗传距离分析和构建的系统发育树，结果表明该种应该隶属于斑红蝽属（详见系统发育分析部分），因此建立该新种。

寄 主 未知。

（4）小斑红蝽 *Physopelta cincticollis* Stål，1863（图 13，图 14）
Physopelta cincticollis Stål，1863：392；Kerzhner，2001：246.

体 色 体棕褐色。头部、触角（除第 4 节基部棕黄色外）、喙（除末端红色）、前胸背板（除周缘浅色）、小盾片（除中部散布浅红色）、胸侧板、腹部腹面（除侧接缘）、各足（除基节和转节浅色）、前翅膜片（除基部浅色半透明）、前翅革片较大圆斑及顶角椭圆形圆斑棕褐色至黑色；前胸背板前缘及侧缘和后缘、革片和爪片（除黑色圆斑和黑色刻点）、腹部侧接缘、各足基节和转节棕红色至浅黄褐色。前胸背板、小盾片、革片和爪片刻点黑色（图 13）。

结　构　窄椭圆形，两侧近平行。体被半直立浓密细毛。触角第1节约等长于第2节，第3节最短，第4节最长。雄虫的前胸背板前叶中央较雌虫稍隆起；前胸背板后叶、小盾片、前翅革片、爪片具刻点较大；前足股节稍粗大，其腹面具有2列刺突，近端部有2~3个刺突（图13）。雄性生殖器（图14）：尾节宽圆，中部尾节突短小、圆（图14A~C）；抱器端部和亚端部突起均圆钝，亚端部突起较粗大，具刚毛（图14D~F）；阳茎如图14G~I所示。

量　度　[♂（n=104）/♀（n=165），mm] 体长 10.0~12.5/14.0~15.5；腹部最大宽度 4.26~4.52/4.64~4.88；头长 1.36~1.48/1.28~1.50；眼前区 0.68~0.98/0.88~1.02；眼后区 0.28~0.40/0.36~0.40；复眼间宽 2.08~2.18/2.02~2.10；触角长 I–IV=1.86~1.98/1.68~1.88，2.14~2.28/2.00~2.22，1.46~1.52/1.38~1.52，2.54~2.52/1.78~2.52；喙长 I–IV=1.32~1.42/1.08~1.22，1.24~1.48/1.32~1.52，1.34~1.48/1.38~1.51，1.26~1.40/1.38~1.48；前胸背板前叶 0.66~0.98/0.82~0.98；前胸背板后叶 1.26~1.48/1.50~1.51；胸部最大宽度 3.66~4.00/3.68~4.48；小盾片长 1.50~1.52/1.46~1.52；前翅长 9.80~10.00/11.50~13.00。

观察标本　20♂，33♀，2014-VI-16，贵州，雷公山，杨坤采集，保存在 KU；15♂，22♀，2014-VI-4，广西，宁明，赵萍、杨坤采集，保存在 KU；2♂，3♀，2009-VII-27，贵州，黎平，赵萍采集，保存在 KU；1♀，2018-VII-25-29，贵州，施秉，云台山，赵萍采集，保存在 KU；3♂，8♀，2015-VII-21，贵州，方祥（灯诱），赵萍采集，保存在 KU；3♂，7♀，2013-VII-26，贵州，茂兰，板寨，赵萍采集，保存在 KU；3♀，2019-VIII-20，海南，霸王岭林业局东一林场，赵萍、黎东海、袁美烜采集，保存在 NNU；1♀，2019-VIII-18，海南，五指山，水满乡五指山热带雨林风景区，赵萍、黎东海采集，保存在 NNU；1♂，2018-VIII-19，广西，玉林，大容山，赵萍、黎东海采集，保存在

NNU；1 ♂，4 ♀，2017-VI-24，广东，石门台自然保护区横石糖，保存在 CAU；26 ♂，26 ♀，2013-X-12-15，贵州，茂兰，赵萍采集，保存在 KU；1 ♀，广西，百色，田林县岑王老山，访花采集，保存在 CAU；2 ♀，2014-VII-22，贵州，小丹江（灯诱），保存在 KU；9 ♂，5 ♀，2017-VI-26，广东，鼎湖山自然保护区，保存在 CAU；5 ♂，6 ♀，2017-VI-27，广东，鼎湖山，专家公寓，保存在 CAU；19 ♂，42 ♀，2019-VII-21，贵州，方祥，保存在 MFB。

分　布　贵州（茂兰、雷山、黎平、施秉、榕江）、陕西（武功）、湖北（汉口、神农架）、湖南（南岳）、江苏（南京）、浙江（杭州、松阳）、江西（莲塘）、四川（简阳、雅安、峨眉山）、广西（宁明、玉林、百色）、广东（广州、石牌、石门台、鼎湖山）、海南（霸王岭、五指山）、台湾；印度（东部）、老挝。

寄　主　桑、水稻、白背野桐、毛竹、油橄榄、柑橘。

（5）突背斑红蝽 *Physopelta gutta*（Burmeister，1834）（图 15，图 16）
Lygaeus（*Pyrrhocoris*）*gutta* Burmeister，1834：300.
Physopelta bimaculata Stål，1855：186（syn. Stål，1861：195）.
Physopelta gutta：Kerzhner，2001：246.

体　色　体棕黄色至棕红色，具黑色斑。头顶、触角（除第 1 节基部浅红，第 4 节基部 1/3 处黄白色和端部浅褐色）、复眼、喙（除基部淡）、前胸背板（除四周边缘红色）、小盾片、胸部侧板和腹板、前翅革片中央 2 个大斑及其顶角亚三角形斑、前翅膜片（除基部浅色）、腹部腹面节间缝及侧方处横斑棕黑色；各足胫节和跗节、前足股节背面、中足和后足股节棕黄色；各足基节和转节、前足股节（除背面）红棕色；前胸背板四周边缘、前翅前侧缘及革片近端部黄白色；前翅爪片、革片内侧散布暗红褐色，较暗（图 15）。

结　构　体长椭圆形，两侧近平行，体稍延长；体被平伏短毛。前胸背板后叶中央、小盾片、爪片、革片内侧具刻点。头三角形；喙伸达后足基节之间；触角第 1 节约等于或略短于第 2 节。前胸背板前叶强烈突出圆鼓，雄性尤为显著，雌性略圆鼓（图 15）。雄性生殖器（图 16）：尾节宽圆，中部尾节突不显著（图 16A~C）；抱器短小，端部拇指状，亚端部突起圆钝（图 16D~F）；阳茎如图 16G~I 所示。

量　度　[♂（n=44）/♀（n=34），mm] 体长 14.0~16.5/17.0~19.0；腹部最大宽度 4.46~4.72/5.00~5.24；头长 1.60~1.68/1.90~1.98；眼前区 1.24~1.34/1.56~1.66；眼后区 0.42~0.48/0.48~0.60；复眼间宽 2.00~2.32/2.46~2.56；触角长 I–IV=2.60~2.66/2.64~2.80，3.10~3.90/3.06~3.38，1.88~1.92/1.68~1.86，3.00~3.10/3.08~3.42；喙长 I–IV=1.46~1.62/1.72~1.74，2.00~2.42/1.82~2.00，1.50~1.54/1.62~1.78，1.24~1.42/1.56~1.76；前胸背板前叶 1.72~1.86/1.28~1.36；前胸背板后叶 1.54~1.60/2.00~2.42；胸部最大宽度 4.10~4.42/5.04~5.46；小盾片长 1.72~1.78/2.14~2.46；前翅长 12.50~13.50/13.00~15.50。

观察标本　8 ♂，4 ♀，2014-VI-16，贵州，雷公山，杨坤采集，保存在 KU；7 ♂，5 ♀，2013-VII-26，贵州，茂兰，板寨，赵萍和杨坤采集，保存在 KU；6 ♂，2 ♀，2011-VIII-20，贵州，罗甸，赵萍和潘娟采集，保存在 KU；5 ♂，5 ♀，2013-X-12-15 贵州，茂兰，赵萍采集，保存在 KU；1 ♂，1 ♀，2014-VI-4，广西，宁明，赵萍和杨坤采集，保存在 KU；1 ♀，2018-VI-11，浙江，象山，山韭山列岛国家级自然保护区，保存在 CAU；1 ♂，2 ♀，2019-VIII-20，海南，霸王岭林业局东一林场，赵萍、黎东海和袁美烜采集，保存在 NNU；7 ♂，2013-VIII-7，云南，普洱，云盘山，赵萍和张柱亭采集，保存在 KU；1 ♀，2012-V-15，Vietnam（越南），Cucphuong National，保存在 CAU；2 ♀，2019-VIII-6，广东，清远，阳山县阳山，赵萍、黎东海和袁美烜采集，保存在 NNU；

6 ♂, 6 ♀, 2017-VI-26, 广东, 鼎湖山自然保护区, 保存在 CAU; 1 ♂, 2 ♀, 2017-VI-27, 广东, 鼎湖山自然保护区, 保存在 CAU; 1 ♂, 1 ♀, 2017-VI-24, 广东, 石门台自然保护区横石糖, 保存在 CAU; 1 ♀, 2014-V-27, 四川, 攀枝花, 联合村, 赵萍和万人静采集, 保存在 KU。

分　布　贵州 (茂兰、雷公山、罗甸)、四川 (攀枝花)、广东 (清远、石牌、石门台、鼎湖山)、浙江 (象山)、海南 (霸王岭)、广西 (龙州、宁明)、四川 (峨眉山、雅安)、云南 (普文、普洱、景东、昆明、金平、河口、西双版纳: 景洪、勐混、勐板、勐龙、勐养、保山芒宽)、台湾、西藏 (聂拉木); 印度、越南、孟加拉国、缅甸、斯里兰卡、日本、印度尼西亚 (苏门答腊、爪哇)、澳大利亚、加里曼丹岛、马来群岛等。

寄　主　樟树、乌桕、柑橘、杧果、板栗。

(6) 四斑红蝽 *Physopelta quadriguttata* Bergroth, 1894 (图 17, 图 18)

Physopelta quadriguttata Bergroth, 1894: 160; Kerzhner, 2001: 246.

体　色　体背浅棕色, 腹面棕色至深褐色。前胸背板周缘及横缢和中纵细带 (从前缘延伸至后叶中部, 未达后缘), 小盾片中纵细带、前翅革片侧缘、腹部侧接缘红色至红褐色; 前胸背板 (除前叶黑色和后叶刻点黑色)、小盾片和前翅 (除黑色刻点和圆斑) 浅黄褐色; 触角 (除第 4 节基半部黄白色)、头部、复眼、前胸背板前叶、前翅革片中央 1 较大圆斑及近顶角 1 小圆斑、腹部第 3~5 腹节腹面侧方弯曲三角形斑、胸部腹板和侧板、各足 (除基节和转节, 雄性股节内侧红棕色) 黑色; 喙深红褐色; 前翅膜片一色浅褐色, 半透明; 基节、转节、腹部腹面 (除两侧黑色斑) 深褐色 (图 17)。

结　构　体长椭圆形, 两侧近平行; 前胸背板后叶、小盾片、爪片和革片具有明显刻点, 革片中部刻点较细, 其外缘光滑。头部三角形；喙伸至后足基节，各节近等长。前胸背板中央具1光滑纵带，侧缘稍向上翘折；雄性个体前胸背板前叶圆鼓，延伸至前缘，前足股节明显加粗，其腹面具稀疏粗刺，近基部和近端部具有4~5个较大刺突。雌性背板前叶略圆鼓，股节略加粗，均不如雄性显著（图17）。雄性生殖器（图18）：尾节四边形（图18A~C）；抱器短小，端部突起外指，钝圆，亚端部突起耳状（图18D，E）；阳茎如图18F~H所示。

量　度　[♂（n=69）/♀（n=86），mm]体长14.0~16.5/17.0~18.0；腹部最大宽度6.08~6.52/6.46~6.88；头长1.50~1.52/1.48~1.58；眼前区1.38~1.46/1.42~1.48；眼后区0.26~0.30/0.42~0.50；复眼间宽2.22~2.50/2.30~2.48；触角长I–IV=3.10~3.20/2.88~3.12，3.42~3.52/2.16~2.88，2.12~2.20/1.88~2.00，3.00~3.22/2.78~3.00；喙长I–IV=1.36~1.48/1.42~1.48，1.50~1.52/1.46~1.52，1.68~1.80/1.76~1.88，1.52~1.54/1.46~1.52；前胸背板前叶1.66~1.88/1.20~1.46；前胸背板后叶1.68~2.20/2.14~2.88；胸部最大宽度4.96~5.50/5.46~5.52；小盾片长2.08~2.12/2.26~2.48；前翅长11.00~13.50/13.00~15.00。

观察标本　25♂，53♀，2013–VII–26，贵州，茂兰，板寨，赵萍和杨坤采，保存在KU；33♂，27♀，2014–VI–18，贵州，雷公山，赵萍等采集，保存在KU；6♂，1♀，2015–VII–19，贵州，雷公山，赵萍等采集，保存在KU；2♂，1♀，2013–IV–17–23，云南，勐腊，龙门，赵萍和万人静采集，保存在KU；1♂，2014–V–16，广西，大明山，赵萍、杨坤和王昌绪采集，保存在KU；1♂，2♀，2014–IV–28–30，广西，大明山，保存在CAU；1♂，2♀，2011–XI–23，台湾，八仙山，保存在CAU。

分　布　贵州（雷公山、茂兰）、福建（福清）、浙江（松阳）、广西（大明山）、海南、四川（峨眉山）、西藏（樟木）、云南（西双版纳：勐龙、勐腊、勐宋、保山芒宽）、台湾（八仙山）；印度、老挝、泰国。

寄　主　杧果。

（7）浑斑红蝽 *Physopelta robusta* Stål，1863（图 19，图 20）

Physopelta robusta Stål，1863：390；Kerzhner，2001：246.

体　色　体大部淡棕红色，革片中央大斑界限模糊。复眼、触角（除第 4 节基部 1/3 白色）、各足胫节和跗节、各足股节背面黑褐色；前胸背板后叶 2 个大斑、小盾片中部 2 个小斑、前翅爪片中部、革片中部大斑和顶角斑、前翅膜片（除周缘浅色）浅褐色至棕褐色；前胸背板四周边缘和中纵带、小盾片两侧缘和中纵带、前翅革片（除深色斑）、胸侧板下侧叶、前胸腹板前缘、腹部腹板间横带淡黄白色；各足股节（除背面浅黑褐色）和转节淡黄褐色至黄白色；喙浅色，端部黑色，上唇口针黑色；头部、前胸背板前叶中部、胸部腹板和侧板（除浅色带斑）、各足基节、腹部腹板（除浅色带斑）棕红色（图 19）。

结　构　体型较大，长椭圆形，体中部较宽。体密被短刚毛。前胸背板后叶、小盾片、前翅爪片、革片侧缘和内缘具黑色刻点。头部三角形，较短；触角第 1 节长于第 2 节；喙伸达后足基节之间。前胸背板侧缘前中部略向上翘折、光滑；雄性个体的前胸背板前叶略圆鼓，伸达前缘，前足股节粗壮，其腹面具 2 列刺列，近端部刺较粗大；雌性个体前胸背板前叶略圆鼓，前足股节不显著加粗（图 19）。雄性生殖器（图 20）：尾节宽圆，中部尾节突短小圆钝（图 20A~C）；抱器端部具有 2 个突起，端部突起粗指状，亚端部突起圆钝、耳状（图 20D，E）；阳茎如图 20F~H 所示。

量　度　[♂（n=1）/♀（n=3），mm] 体长 19.70/18.50~24.00；腹部最大宽度 7.15/7.01~7.15；头长 1.07/1.00~1.00；眼前区 0.57/0.64~0.79；眼后区 0.14/0.07~0.14；复眼间宽 2.52/1.64~2.72；触角长 I–IV=5.58/3.48~3.58，3.43/3.22~3.43，2.43/2.15~2.29，3.79/3.72~4.00；喙长 I–IV=2.79/1.83~3.93，2.50/1.72~3.50，3.58/1.86~2.00，2.50/1.50~1.72；前胸背

板前叶 1.93/0.93~1.07；前胸背板后叶 1.79/1.72~1.93；胸部最大宽度 6.36/6.22~6.44；小盾片长 2.86/2.79~2.86；前翅长 13.50/14.00~15.00。

观察标本 1♀，1♂，2014-VI-4，广西，宁明，赵萍和杨坤采集，保存在 KU；1♀，2017-XI-03，贵州，兴仁，赵萍和黎东海采集，保存在 KU；1♀，2017-VIII-15，3♀，2020-V-28，广西，龙州，弄岗，赵萍和杨明园采集，保存在 KU；3♀，云南，勐仑，2017-IX-19，1200m，杨晓东采集，保存在 CAU；3♀，广西，百色，那坡，百省乡，2020-V-26，赵萍采集，保存在 NNU。

分　布 贵州（兴仁）、广西（宁明、龙州、百色）、海南；老挝、越南。

寄　主 未知。

（8）显斑红蝽 *Physopelta slanbuschii*（Fabricius，1787）（图21A，B）

Cimex slanbuschii Fabricius，1787：299.

Physopelta slanbuschii：Kerzhner，2001：246.

体　色 体橘红色，具有黑色斑。腹部腹面各节侧后缘宽带斑、触角、复眼、喙端半部、各足（除基节，转节和股节基部红色）、前胸背板前叶2个不规则小斑和后叶2个较大方斑、小盾片、前翅革片中央1清晰圆斑及顶角小斑、前翅膜片黑色；小盾片顶角橘黄色；膜片内角浅棕色（图21A，B）。

结　构 体长椭圆形。体密被浅黄褐色斜生短毛，腹面刚毛浓密。前胸背板前叶两侧和后叶表面、小盾片、前翅爪和革片具黑色刻点，其中革片中部刻点较少。头部三角形；触角第1节约等长于第2节；喙可伸达后足基节之间。前胸背板侧缘不向上翘折；雌性个体前胸背板前叶略圆鼓，前足股节不显著加粗（图21A，B）。

量　度 [♀（n=1），mm] 体长 13.59；腹部最大宽度 5.43；头长

1.72；眼前区 0.93；眼后区 0.29；复眼间宽 1.43；触角长 I–IV=2.15，2.43，1.79，2.43；喙长 I–IV=1.72，1.29，1.29，1.29；前胸背板前叶 1.14；前胸背板后叶 1.64；胸部最大宽度 4.86；小盾片长 2.00；前翅长 9.44。

观察标本　1♀，2013-III-31，海南，白沙，鹦哥岭，王建赟等采集，触角第 4 节丢失，保存在 CAU；1♀，2021-VI-15，广西，宁明，花山，蝴蝶谷，赵萍采集，保存在 NNU。

分　布　海南（鹦哥岭）、云南（景洪）、广东（石牌）、台湾、中国东南沿海岛屿；日本、印度、缅甸、孟加拉国、马来西亚。

寄　主　水稻、桉树。

（9）小头斑红蝽 *Physopelta parviceps* Blöte，1931（图 21C，D）

Physopelta parviceps Blöte，1931：100；Stehlík & Kerzhner，1999：121.

体　色　体背面红色，腹面黑褐色。头部、触角（除第 4 节基部 3/4 黄白色外）、喙（除末端红色）、前胸背板（除周缘浅色）、小盾片、胸侧板和腹板、腹部腹面（除侧接缘红色）、各足（除基节和转节浅黑褐色）、前翅膜片基角和大部分（除亚基部浅色半透明）、前翅革片较圆斑及顶角椭圆形圆斑棕褐色至黑色；前胸背板前缘及侧缘和后缘、革片和爪片（除黑色圆斑和黑色刻点）、腹部侧接缘红色；各足基节和转节浅褐色；前胸背板、小盾片、革片和爪片刻点黑色（图 21C，D）。

结　构　窄椭圆形，两侧近平行。体腹面被浓密细毛。触角第 2 节约等长于第 4 节，第 3 节最短。前胸背板后叶、前翅革片、爪片具刻点较大；前足股节稍粗大，其腹面具有 2 列刺突，近端部有 2~3 个刺突（图 21C，D）。

量　度　[♀（n=2），mm] 体长 13.79；腹部最大宽度 4.83；头长 1.86；眼前区 0.93；眼后区 0.21；复眼间宽 1.38；触角长 I–IV=1.86，2.14，1.38，

2.14；喙长 I–IV=1.24，1.38，1.38，1.31；前胸背板前叶 1.38；前胸背板后叶 1.38；胸部最大宽度 4.62；小盾片 1.66；前翅长 10.00。

观察标本 2♀，2012–VII–3，日本，罗新宇采集，保存在 CAU。

分 布 台湾；日本。

寄 主 未知。

讨 论 该种与小斑红蝽相比，革片黑斑更小更圆，并位于革片中部；爪片和革片基部与外缘和革片后部相比，颜色不加深；头部明显小，因复眼相对大；前胸背板向前缢缩；触角相对较短。因没有采集到分布在中国台湾省的标本，此处描述使用在日本采集到的两头雌性标本。

巨红蝽族 Lohitini Ahmad & Abbas，1987

Lohitini Ahmad & Abbas，1987：132. Type genus：*Lohita* Amyot & Serville，1843（= *Macrocheraia* Guérin-Méneville，1835）.

1.4 巨红蝽属 *Macrocheraia* Guérin-Méneville，1835

Macrocheraia Guérin-Méneville，1835：56. Type species by monotypy：*Lygaeus grandis* Gray，1832.

Macroceroea Spinola，1837：177（syn. Amyot & Serville，1843：266）. Type species by monotypy：*Macroceroea longicornis* Spinola，1837（=*Lygaeus grandis* Gray，1832）.

Lohita Amyot & Serville，1843：266. Unnecessary new name for *Macroceroea* Spinola，1837.

Macroceraia Guérin-Méneville，1844：346. Emendation of *Macroceraia*.

Macroceraea Amyot & Serville，1848：203. Emendation of *Macroceraia*.

属 征 体大型，细长。雄性个体腹部特别延长，为一般长度的 2

倍，雌性腹部正常；雄性触角极度延长，第 1 节长于头部和前胸背板长度之和的 2 倍，雌性触角第 1 节略长于头部和前胸背板长度之和，不长于长度 2 倍；前翅革片间宽于腹部，革片端角狭窄延长；足长，前足股节略加粗，腹面具有小齿，端部刺显著。

分　布　东洋区。

（10）巨红蝽 *Macrocheraia grandis*（Gray，1832）（图 22，图 23）

Lygaeus grandis Gray，1832：242.

Macroceroea longicornis Spinola，1837：177（syn. Amyot & Serville，1843：266）.

Macrocheraia grandis（Gray，1832）：Kerzhner，2001：247.

体　色　红色至朱红色。复眼、触角（除第 1 节基部红色，第 4 节暗棕色）、喙第 2~4 节、前胸背板中部、小盾片、革片中央一近三角形大斑、爪片中部不规则斑、前翅膜片（除基角和外缘浅黄褐色）、中后胸侧板斑纹、足（除前足股节、各足基节和转节红色）及腹部腹板接合缝两侧斑纹棕黑色至黑色（图 22）。

结　构　体大型。雄性体长于雌性，雄虫腹部极延长，远超过前翅，雌虫腹端略超过前翅；雄虫触角极长，第 1 节长度远长于头和前胸背板长度之和的 2 倍，雌虫触角第 1 节略长于头与前胸背板之和。前翅革片间距离略宽于腹部，其顶角狭长。足细长，前足股节稍粗，其腹面有 1 列细齿，末端有少数显著小齿（图 22）。雄性生殖器（图 23）：尾节后缘两侧突起，中部圆钝（图 23A~C）；抱器端部具有 2 个突起，端部突起角状，亚端部突起圆钝（图 23D~F）；阳茎如图 23G~I 所示。

量　度　[♂（n=10）/♀（n=7），mm] 体长 46.70~57.50/32.50~33.70；腹部最大宽度 8.01~9.72/7.72~8.94；头长 3.86~4.43/3.00~4.00；眼前区 2.43~2.71/2.07~2.79；眼后区 0.43~0.75/0.57~0.64；复眼间宽

2.00~3.58/1.93~2.15；触角长 I–IV=23.40~40.00/13.40~14.80，8.00~
38.90/12.00~28.50，9.60~10.09/7.90~9.00，4.20~4.80/4.00~4.50；喙长 I–IV=
5.08~5.15/4.00~5.01，5.72~6.15/4.79~5.15，5.15~5.43/4.86~4.93，
2.36~2.57/2.22~2.50；前胸背板前叶 2.29~2.36/1.93~2.29；前胸背板后
叶 2.43~3.15/2.22~2.36；胸部最大宽度 7.87~8.72/7.36~8.08；小盾片长
4.22~4.50/4.00~4.08；前翅长 24.50~27.50/21.50~29.50。

观察标本 7♂，2♀，云南，勐腊，2013–VIII–4，赵萍采集，保存
在 KU；1♀，云南，普洱，2013–VIII–7，赵萍采集，保存在 KU。

分 布 云南（普洱，东南河口，西双版纳：景洪、小勐养、大勐
龙、勐海、勐腊）、浙江（天目山）、福建（厦门）、海南；印度、孟加
拉国、菲律宾、印度尼西亚（苏门答腊）。

寄主植物 依兰香、马屎子、棉花。

2 红蝽科 Pyrrhocoridae Amyot & Serville，1843

Astemmatidae Laporte，1832：4；1833：36（Astemmites）. Based on
　　Astemma sensu Laporte，1833（=*Dysdercus* Guérin-Méneville，1831）.

Astemmatidae Spinola，1837：174（Astemmites）. Type genus：*Astemma*
　　Lepeletier & Serville，1825（=*Pyrrhocoris* Fallén，1814）.

Pyrrhocoridae Amyot & Serville，1843：265（Pyrrhocorides）. Type genus：
　　Pyrrhocoris Fallén，1814.

科　征　体长椭圆形，中小型，体长 8~30mm。单眼缺失；触角和喙 4 节。前胸背板前叶胝区不膨大，领完整；前胸背板侧缘或多或少翘折；前翅膜片具有 2 个基室和 7~8 分支纵脉，或呈不规则疏网状；雌虫腹板第 7 节中央无纵缝。雄虫生殖器构造接近缘蝽，阳茎端导精管甚短，近直，无明显盘绕卷曲。

分　布　世界性分布。

中国红蝽科 Pyrrhocoridae Amyot & Serville，1843 分属检索表

1. 前翅具有长翅型、短翅型，膜区缺失或很少发育完整 ·····················2

-. 前翅和膜区发育正常，长翅型 ·····································3

2. 体卵圆形，缩短，圆鼓；头横宽，宽大于长的 2 倍 ·····················
　　·························· 龟红蝽属 *Armatillus* Distant，1908

-. 体长椭圆形；头正常，不明显横宽 ········· 红蝽属 *Pyrrhocoris* Fallén，1814

3. 头腹面基部显著缢缩，凹入 ·········· 颈红蝽属 *Antilochus* Stål，1863

-. 头腹面基部不缢缩，无凹入 ·····································4

4. 复眼向两侧突出，具眼柄；头顶凹入 ·····························
　　····················· 眼红蝽属 *Ectatops* Amyot & Serville，1843

-. 复眼正常，无柄；头顶不凹陷，通常或多或少隆起 ·····················5

5. 头眼后区逐渐窄缩，复眼远离前胸背板前缘 ·······································6

–. 头眼后区突然细缩，复眼几乎接触前胸背板前缘 ·····························7

6. 体被浓密短毛；喙长，通常超过第 3 腹节中央 ································
·· 绒红蝽属 *Melamphaus* Stål，1868

–. 体较光滑，无毛；喙较短，通常不伸达第 3 腹节 ·····························
·· 光红蝽属 *Dindymus* Stål，1861

7. 腹部第 4、5 节腹板接合缝外侧显著向前弯曲 ·······························8

–. 腹部第 4、5 节腹板接合缝几直形，其外侧直达腹侧缘 ·····················9

8. 体略扁平；触角第 1 节甚长，远长于第 2 节；头端部前伸 ·················
·· 锐红蝽属 *Euscopus* Stål，1870

–. 体正常；触角第 1 节短于第 2 节；头端部向下倾斜 ·························
····························· 华红蝽属 *Brancucciana* Ahmad & Zaidi，1986

9. 头顶及前胸背板后叶较平坦；前胸背板侧缘近斜直；无臭腺沟 ·············
··· 直红蝽属 *Pyrrhopeplus* Stål，1870

–. 头顶及前胸背板后叶较隆起；前胸背板侧缘显著向内弯曲；臭腺沟明显 ······
····························· 棉红蝽属 *Dysdercus* Guérin-Méneville，1831

2.1 颈红蝽属 *Antilochus* Stål，1863

Antilochus Stål，1863：393. Type species by subsequent designation
（Distant，1903：100）：*Lygaeus coquebertii* Fabricius，1803.

Neaeretus Reuter，1887：92（syn. Bergroth，1894b：357）. Type species
by monotypy：*Neaeretus distantii* Reuter，1887，Madagascar.

属　征　头长于宽，端部稍向下弯曲或明显下倾，其腹面近基部显
著缢缩，凹入；眼较突出但无柄；触角中等长度；喙短，伸达中足基
节，第 1、2 节长，第 3、4 节短。前胸背板侧缘略扩展，扁平，很少卷
曲；前、中足跗节第 1 节略长于或约等于第 2、3 节之和，后足跗节明

显长于第 2、3 节之和。雄虫腹末端膨大；雌虫腹节末端向后延伸，其顶缘圆弧形。

分　布　非洲区、东洋区。

讨　论　世界已知 32 种，国内记载 3 种：朱颈红蝽 *Antilochus russus* Stål，1863，黑足颈红蝽 *Antilochus nigripes*（Burmeister，1835）和颈红蝽 *Antilochus coquebertii*（Fabricius，1803）（刘胜利，1981a；Kerzhner，2001；Distant，1903，1904），它们在体型大小、外部形态和生殖器结构均比较相似，但标本有限，中国该属种类有待于以后进一步确认。本属食性为捕食性（Kohno，Takahashi & Sakakibara，2002；Kohno，2003）。

中国颈红蝽属 *Antilochus* Stål，1863 分种检索表

1. 前翅膜片淡黄褐色，近内角有 1 黑色大斑；前胸背板胝部前、后缘刻痕黑色 ················· 朱颈红蝽 *Antilochus russus* Stål，1863

-. 前翅膜片黑色；前胸背板胝部前、后缘仅刻点黑色 ······························2

2. 足和喙完全黑色；触角第 1~3 节黑色，第 4 节基部淡色，向端部黑褐色；腹部腹板节缝暗红色 ········· 黑足颈红蝽 *Antilochus nigripes*（Burmeister，1835）

-. 各足股节红色，端部黑色，胫节和跗节黑褐色；喙红色，端部黑色；触角第 1~3 节黑色，第 4 节黑褐色；腹部腹板节缝黑色 ································ ······························ 颈红蝽 *Antilochus coquebertii*（Fabricius，1803）

（11）颈红蝽 *Antilochus coquebertii*（Fabricius，1803）（图 24，图 25）

Lygaeus coquebertii Fabricius，1803：222.

Antilochus coquebertii：Kerzhner，2001：248.

体　色　体大红色。复眼、触角（除第 1 节基部淡色）、喙端部、前翅膜片（除内角）、胸部侧板和腹部腹板的节间缝棕黑色至黑色；前翅膜片内角及端缘淡棕色；各足股节红色至红褐色，端部及背面黑褐色，

胫节和跗节褐色至黑褐色（图24）。

结　构　椭圆形；体光滑有光泽；前胸背板（除前叶脈区和后叶后缘光滑）、小盾片基部、前翅革片和爪片具刻点。头稍向下弯曲；喙可伸达后足基节间，胸腹板中央的喙沟明显。前胸背板梯形，扁平，侧缘窄，不明显向上翘折，前叶脈区略隆起。前足股节稍粗壮，其腹面近端部具3个小刺突（图24）。雌性腹部末端顶缘宽圆，雄性腹部末端尾节圆鼓。雄性生殖器（图25）：尾节横宽，略扁，中部尾节突刀状，亚端部略缢缩（图25A~C）；抱器细长，端部突起如图25D，E所示，与黑足颈红蝽和朱颈红蝽略有不同，但是三者差异较小；阳茎基和阳茎体如图25F~I所示。

量　度　[♂（n=7）/ ♀（n=8），mm] 体长 14.50~16.00/18.00~18.50；腹部最大宽度 5.46~6.42/6.42~7.00；头长 1.00~1.74/1.34~1.82；眼前区 1.20~1.24/1.24~1.44；眼后区 0.34~0.52/0.46~0.88；复眼间宽 2.06~2.48/2.00~2.44；触角长 I–IV=2.26~2.82/2.16~2.62，2.34~2.90/2.78~2.94，2.08~2.62/2.12~2.44，3.24~4.00/3.00~3.70；喙长 I–IV=1.26~1.72/1.74~1.88，1.68~2.00/1.24~2.04，0.64~0.84/0.86~1.00，0.48~0.52/0.56~0.64；前胸背板前叶 1.68~1.82/1.86~1.90；前胸背板后叶 2.00~2.12/2.12~2.16；胸部最大宽度 5.08~5.20/5.66~5.74；小盾片长 1.98~2.00/1.28~1.44；前翅长 11.50~12.00/13.50~15.00。

观察标本　4 ♀，2014-VI-2，1 ♀，2013-IV-21，云南，勐腊，龙门，赵萍采集，保存在KU；1 ♀，2019-VI-4，云南，寻甸，赵萍采集，保存在KU；6 ♂，4 ♀，2013-X-2-6，贵州，安龙，烈士墓，赵萍和杨坤采集，保存在KU；3 ♀，广西，宁明，赵萍采集，保存在KU；1 ♀，2017-VIII-15，广西，龙州，赵萍采集，保存在KU；5 ♀，2020-VI-11，广西，白色，隆林，金钟山，赵萍采集，保存在KU；1 ♂，2016-VII-22，India，Andhra，Pradesh，Nellorer：Naidupet Dwarakapuram，alt.

65m，Chen CC，Leg.，kept in CAU.

分　布　贵州（安龙）、广西（厦石、南宁、龙州、宁明、隆林）、江苏（南京）、海南、云南（寻甸、普洱、腾冲、大理、景东、景谷、打洛、金平、保山拉仑、勐腊、景洪、橄榄坝、勐龙）、台湾；印度、斯里兰卡、缅甸、克什米尔地区。

捕食对象　棉红蝽属昆虫、蛾类幼虫。

（12）黑足颈红蝽 *Antilochus nigripes*（Burmeister，1835）（图26，图27）

Pyrrhocoris nigripes Burmeister，1835：284.

Antilochus nigripes：Kerzhner，2001：249.

体　色　体大红色。触角（除第4节基部黄褐色）、前翅膜片（除内角及端缘淡黄褐色）、喙、足（除基节红褐色）黑色；腹部腹板节间缝颜色较暗（图26）。

结　构　椭圆形。前胸背板、小盾片、前翅革片和爪片具刻点。头部三角形，基部细缩成颈部；前胸背板侧缘略向上翘折，其后叶中央粗刻点略稀少，革片及小盾片具明显刻点。前足股节略加粗，腹面具齿突。雌性腹部末端宽圆，雄性腹部末端生殖节圆鼓（图26）。雄性生殖器（图27）：尾节突刀状，亚端部稍缢缩（图27A~C）；抱器细长（图27D，E）；阳茎如图27F~H所示。

量　度　[♂（n=1），mm] 体长17.60；腹部最大宽度6.20；头长1.80；眼前区1.10；眼后区0.40；复眼间宽1.40；触角长I–IV=3.40，3.40，2.80，3.70；喙长I–IV=1.30，2.00，0.80，0.60；前胸背板前叶1.69；前胸背板后叶2.10；胸部最大宽度5.50；小盾片长3.50；前翅长12.10。

观察标本　1♂，2017-V-8，广西，大明山，右前翅不完整，保存在 CAU；1♀，Indonesia，West Sumatra，Annal Valley env，400~600m， slopes of MT Singgalang St Jakl lgt，V–2006，保存在 CAU.

分　布　广西（大明山）、广东（鼎湖山）、海南、云南（金平、西双版纳：勐阿）；斯里兰卡、缅甸、马来西亚、菲律宾、印度尼西亚。

捕食对象　棉红蝽属昆虫。

（13）朱颈红蝽 *Antilochus russus* Stål，1863（图 28A，B；图 29）

Antilochus russus Stål，1863：394.

体　色　朱红色。触角、复眼、头基部侧部和腹面凹陷处、前胸背板胝区前缘和后缘刻痕、小盾片基缘刻点，前翅膜片近内角大斑、胸侧板和腹部腹板接合缝处棕黑色至黑色；胫节（除基部）及跗节浅褐色至棕色；膜片（除黑色斑）淡黄褐色（图 28A，B）。

结　构　窄卵形。头部端部下倾；触角第 4 节略短于第 1 节；复眼大，向两侧突出，不具眼柄。前胸背板扁平，侧缘光滑，不显著向上翘折；前叶胝区前缘凹入近呈直角；领区刻点密布；后叶、小盾片刻点较稀少；前翅爪片及革片内侧刻点较细密；股节略膨大，前足股节较粗壮，其腹面近端部具有 2~3 个明显红色刺突（图 28A，B）。雄性生殖器（图 29）：尾节圆，尾节突刀状，亚端部略缢缩（图 29A~C）；抱器细长（图 29D，E）；阳茎体如图 29F~H 所示。

量　度　[♂（n=1），mm] 体长 16.80；腹部最大宽度 6.01；头长 2.07；眼前区 1.00；眼后区 0.21；复眼间宽 1.07；触角长 I–IV=3.72，3.00，2.43，3.29；喙长 I–IV=2.15，2.00，1.14，0.72；前胸背板前叶 2.22；前胸背板后叶 1.79；胸部最大宽度 4.93；小盾片长 1.79；前翅长 11.44。

观察标本　1 ♂，2012–V–9，Vietnam，Yokdon National Park，Wang JY leg.，保存在 CAU.

分　布　云南（普洱、瑞丽、西双版纳）；不丹、印度、缅甸、越南、马来群岛。

捕食对象 棉红蝽属昆虫。

2.2 龟红蝽属 *Armatillus* Distant，1908

Armatillus Distant，1908：432. Type species by original designation：*Armatillus verrucosus* Distant，1908. Buma.

属　征 体小，背腹圆鼓，前翅革区大部分革质，体背面似龟甲。头横宽，宽于前胸背板前缘，端部向下，几乎垂直；触角4节，第1节最长，略长于第4节，第2节长于第3节；喙短，达到中足基节后缘，第1节被小颊包围。前胸背板横宽，向前面渐狭，前叶胝区横向脊起；小盾片三角形；前翅革片圆弧向两边、下方倾斜；前翅未达到腹部末端，膜片小；股节中等加粗。腹部腹面圆鼓，节间缝波曲状。

分　布 东洋区。

（14）云南龟红蝽 *Armatillus verticalis* Hsiao，1964（图28C，D）

Armatillus verticalis Hsiao，1964：403，406；Kerzhner，2001：249.

体　色 体棕黑色。头、触角第1节、小盾片、前翅膜片、体腹面颜色较深，黑色；革片端缘中央有1不规则小白斑，端缘外缘有1更小的白斑（图28C，D）。

结　构 体卵圆形，圆鼓。具黄色短毛，腹面密被平复短毛；前胸背板、小盾片、前翅革片和爪片密被深刻点。头横宽，宽于前胸背板前缘，头部明显向下倾斜；复眼小，两侧伸出，与前胸背板前缘相接；喙伸达后足基节。前胸背板胝略隆起，无刻点，其侧缘略向上翅折，后缘中央近平直，略呈弧形中央略凹入；小盾片中部浅刻点。前翅大部分鞘质，革区大，其前缘宽圆，爪片与革片几近愈合，前翅膜片小，翅脉稀少，无基部翅室，不伸达腹端（图28C）。腹面体毛较显著，腹部腹板后部两侧各有 3 个光滑圆斑（图 28D）。

量　度　[♀（n=2），mm] 体长 4.35；腹部最大宽度 2.85；头长 0.60；头宽 1.60；复眼间宽 1.13；触角长 I–IV=0.90，0.50，0.30，0.63；喙长 I–IV=0.30，0.25，0.45，0.65；前胸背板长 1.25；胸部最大宽度 2.25；小盾片长 0.85；前翅长 3.00。

模式标本　正模，♀，云南，景东，1200m，1957-III-8，A.孟恰茨基采集，萧采瑜鉴定（1926 年），IOZ（E），No. 220469.1。

观察标本　1♀，湖南，会同，洒溪，柿子村，2015-VI-22，D，295m，N26.9327，E109.8473，梁红斌和赵凯东采集，保存在 IOZ。

分　布　云南（景东）、湖北（会同）。

寄　主　未知。

2.3　华红蝽属 *Brancucciana* Ahmad & Zaidi，1986

Ascopus Hsiao，1964：402，405（junior homonym of *Ascopus* Marshall，1951，Coleoptera）. Type species by original designation：*Ascopus rufus* Hsiao，1964：403，405.

Ascopocoris Stehlík & Kerzhner，1999：123；Stehlík &Jindra，2006：61. New name for *Ascopus* Hsiao，1964.

Brancucciana Ahmad & Zaidi，1986；Stehlík，2007：109.

属　征　体长卵形；体背面密被刻点，体腹面光滑且无浓密短毛。头几呈水平向前伸出，中叶突出，前端狭窄，背面具微小颗粒，腹面具刻点；小颊高起，前端圆形；喙较长，伸达后足基节间后缘，第 2 节最长，第 4 节最短，第 1 节显著长于第 3 节；复眼较小，后缘几与前胸背板接触；触角短，稍长于体长的 1/2，第 2、4 节约等长，第 3 节最短，触角第 1 节较短，其端半部明显膨大。前胸背板侧缘微向外弓曲扩展，稍向上翘折；前胸背板前叶胝区光滑，其周缘凹陷刻点，尤其是前后缘刻点较大，领和后叶的刻点较细；小盾片三角形，具刻点；胸部侧板中部光滑，并稍凸起，边缘具刻点；胸腹面被浓密绒毛，其中央具光滑凹纵脊，与喙同长；前翅完全，革区和爪区刻点均匀，前翅前缘稍扩展，向上翘起；前足股节粗大，腹面近顶端处具数个小齿，中、后足股节端部稍粗大，呈棍棒状；后足跗节第 1 节长于其他两节之和。腹部腹面第 4、5 节接合缝外端向前弯曲。

分　布　东洋区。

简　记　该属与锐红蝽属接近，但是头前伸，中叶突出，小颊不成锐角，触角第 1 节较短且端部膨大，前胸背板侧缘和前翅前缘扩展翘折，喙长，体腹面光滑无毛；而锐红蝽属头向下倾斜，中叶不显著，触角第 1 节长，前胸背板和前翅革片前缘不扩展，腹部腹面密被短毛。该属由萧采瑜在 1964 年建立；由于与鞘翅目的一属名同名，所以 Stehlík & Kerzhner 在 1999 年给了一个新名 *Ascopocoris* Stehlík & Kerzhner，1999；Stehlík & Jindra（2006b）修订了该属；Stehlík 在 2007 年认为该属属名实际更早为 *Brancucciana* Ahmad & Zaidi，1986。

我国记录 2 种，此处记述 1 种——华红蝽 *Brancucciana*（*Brancucciana*）*rufa*（Hsiao，1964）。另外一个种是在 1987 年出版的《云南森林昆虫》中记录的曲华红蝽 *Brancucciana*（*Brancucciana*）*sinuaticollis*（Liu，1987），分布于云南（双江），但仅在该书的红蝽科检索表中列出该种，指出与华红蝽的区别特征（头背面具有同色刻点，前胸背板侧缘中央向内凹入，喙及足暗色，仅股节端部和胫节基部红色），配有头部、前胸背板和小盾片背面特征的黑白线条图，没有给出形态特征文字描述和模式标本信息。Kerzhner（2001）在古北区名录中列出其保存在中国科学院动物研究所，但是我们并没有在中国科学院动物研究所查找到该种模式标本，在此处没有记述。

（15）华红蝽 *Brancucciana*（*Brancucciana*）*rufa*（Hsiao, 1964）（图30A，B）

Ascopus rufus Hsiao, 1964：403，405.

Ascopocoris rufus：Stehlík & Kerzhner, 1999：123；Stehlík & Jindra,
  2006：62. New name for *Ascopus rufus* Hsiao, 1964.

Brancucciana（*Brancucciana*）*rufa*（Hsiao, 1964）：Stehlík, 2007：109.

体　色　棕红色；头前端、触角基、前胸背板侧缘、前翅革片前缘
基半部、腹部侧接缘、触角第1节及第2节基部、喙、各足和基节臼红
色或浅黄褐色；触角第2节（除基部）、第3节黑褐色，第4节灰黄褐
色（图30A，B）。

结　构　体较扁平。前胸背板（除胝区）、小盾片、前翅爪片和革
片具刻点，胝区周缘刻点粗大；体腹面光滑，有光泽。头三角形，头背
面粗糙，头端部伸出；触角短小；喙第1节与头约等长，第2节最长。
前胸背板横宽，边缘扩展和翘折，前叶胝区略隆起，边缘刻点粗，前后
叶近等长；各足股节略加粗。生殖节后缘中央呈长锐角突出，其边缘被
细密长软毛（图30A，B）。

量　度　[♂（n=2），mm] 体长7.00~7.15；腹部最大宽度3.10~3.35；
头长1.05~1.20；头宽1.20~1.25；复眼间宽0.75；触角长 I–IV=1.00~1.10，
1.10~1.20，0.70~0.75，1.00~1.10；喙长 I–IV=0.90~1.10，1.05~1.15，0.65~
0.75，0.55；前胸背板长1.50~1.55；胸部最大宽度2.40~2.50；小盾片长
1.00~1.05；前翅长5.00~5.10。

模式标本　正模，♂，云南，西怒江河谷，800m，1995-V-9，克雷
让诺夫斯基采集，保存在IOZ，IOZ（E）220470；副模，♂，云南，潞
西凤坪，1955-V-17，杨星池采集，保存在IOZ，IOZ（E）220471。

分　布　云南（潞西、泸水、怒江西部河谷）。

寄　主　未知。

2.4 光红蝽属 *Dindymus* Stål，1861

Dindymus Stål，1861：196；Rédei et al.，2009：23；Liu，1981a：228.

Type species by subsequent designation（Distant，1903：110：*Dysdercus thoracicus* Stål，1855（=*Pyrrhocoris bicolor* Herrich-Schäeffer，1840）.

属　征　体中型，光滑。头三角形，头顶隆起，后部迅速细缩成颈部，但头宽不宽于前胸背板前角宽，端部略下倾；触角第1节最长，第4节长于2、3节，第2节略长于第3节；眼向两侧突出，无柄；喙末端通常超过腹部基部，第1节略加粗。前胸背板梯形，侧缘扩展，强烈向上翘折。第4~6腹节的节间缝向两侧略呈波曲状；臭腺沟明显，边缘硬化。

分　布　东洋区、澳洲区、非洲区。

简　记　光红蝽属中国已知记录6种。采角光红蝽 *Dindymus albicornis*（Fabricius，1803）曾由 Fabricius（1803）以中国标本而建立，然而Kerzhner（2001）和 Stehlík（2009）认为除了在原始描述中该种在中国发现以外，后来再也没有在中国发现，所以模式标本产地有可能是错误的。Stehlík（2009）和 Distant（1904）认为该种实际分布在婆罗洲（加里曼丹）、沙捞越和沙巴，在中国没有分布。

中国光红蝽属 *Dindymus* Stål，1861 分种检索表

1. 股节端半部及胫节基部 1/4 红色 ……………………………………………
……………………………… 短胸光红蝽 *Dindymus brevis* Blöte，1931

-. 足色彩不如上述 ……………………………………………………………2

2. 喙基节红色；前胸背板侧缘及革片前缘向外突出；前翅膜片内角无深色斑……
……………………………………………………………………………………3

-. 喙第 1 节仅基部红色；前胸背板侧缘及革片前缘较平直，不明显向外突出；
前翅膜片内角常具 1 暗色斑 ……………………………………………5

3. 喙几乎伸达第3腹节中央，第1节较粗壮，明显超过前胸腹板前缘；前胸背板侧缘和前翅革片前缘两侧强烈扩展，几呈叶状…………………………

………………………… 藏光红蝽 *Dindymus medogensis* Liu，1981

–. 喙未伸达第3腹节中央，第1节不超过前胸腹板前缘；前胸背板侧缘和前翅革片前缘两侧宽阔扩展，但未呈叶状 …………………………………4

4. 体型较大，头顶更宽，前胸背板侧缘、革片亚侧缘更宽阔；各胸侧板后缘淡黄色或淡红色，基节白黑色；革片和爪片上的刻点更深刻 …………………

………………………… 阔胸光红蝽 *Dindymus lanius* Stål，1863

–. 体型较小，头顶宽，前胸背板侧缘、革片亚侧缘宽阔；各胸侧板后缘、基节白乳白色；革片和爪片具有刻点 …………………………………

………… 华光红蝽 *Dindymus*（*Dindymus*）*chinensis* Stehlík & Jindra，2006

5. 各胸侧板后缘均具白色或黄白色带纹，各足基节外侧有显著白斑 …………

………………………… 泛光红蝽 *Dindymus rubiginosus*（Fabricius，1787）

–. 仅后胸侧板后缘具白色带纹，各足基节外侧暗色 …………………………

………………………… 异泛光红蝽 *Dindymus sanguineus*（Fabricius，1794）

（16）短胸光红蝽 *Dindymus brevis* Blöte，1931

Dindymus brevis Blöte，1931：109；Liu，1981a：229；Kerzhner，2001：249；Redéi et al.，2009：25.

体 色 体朱红色。复眼、触角（除第1节基部红色外）、前翅膜片中央大斑（除内角和顶缘浅黄褐色外）、喙（除第1节及第2节基部）、小盾片基缘、胸腹板、胸侧板（除白色带斑）、腹部基缘、足（除股节端部1/3和胫节基部红色）黑色；胸侧板后缘横带斑、基节白黄白色；腹部腹面淡黄褐色或黄白色，基缘黑色，端部红色。

结 构 体长12.50~16.00mm，体宽卵圆形，光滑。头长，端部向前延伸，眼前区长，眼后区短，复眼接近前胸背板前缘；喙略超过腹部

第2节，达到腹部腹板第3节基节之间。前胸背板横宽，1.6~1.7倍于长；前叶胝区光滑，周缘具有黑色深刻点，后叶表面浅刻点；小盾片光滑，基部黑色凹入，有深刻点；前翅前缘边缘宽阔，在腹部中部最宽。各足无刺突，足细长。

观察标本 无。

分　布 台湾。

寄　主 未知。

简　记 此处描述根据 Rédei 等（2009）对该种的描述和图示。

（17）藏光红蝽 *Dindymus medogensis* Liu，1981（图30C，D）

Dindymus medogensis Liu，1981b：167，169.

体　色 体红色；复眼、前翅膜片大部、喙第2~4节（除基部）、胸腹面、足及腹部腹板第2~5节及第6节基半部棕黑色至黑色；前翅膜片内角及末端、前胸侧板后缘及足基节外侧中央纵缝浅黄褐色；头腹面、喙第1节、腹部腹面侧缘及末端橘红至深红色（图30C，D）。

结　构 椭圆形；头顶较低平，眼突出，半球形。喙几乎伸达第3腹节中央，第1节较粗壮，明显超过前胸腹板前缘。前胸背板亚梯形，其侧缘强烈扩展，几呈叶状，仅在其后部中央稍向上翘折。前胸背板前叶的胝区光滑，稍隆起，其前缘呈弧形深深凹入，侧缘中央略向内弯曲，有2个粗黑刻点，其后缘几呈弧形向前弯曲，后角稍膨胀，强烈向侧后方延伸。前胸背板后叶具稀疏黑刻点。小盾片三角形，微隆起，光滑。前翅伸达腹部末端，革片具细密刻点，其前缘光滑，前翅膜片在革片顶角处明显向下弯曲（图30C，D）。

量　度 [♀（n=1），mm] 体长 16.25；腹部最大宽度 8.00；头长 2.75；头宽 2.75；复眼间宽 1.60；触角丢失；喙长 I–IV=2.50，1.50，2.25，1.50；前胸背板长 3.65；胸部最大宽度 6.60；小盾片长 2.25；前翅

长 13.50。

模式标本 正模，♀，西藏，墨脱，亚让，8000m，1974. VIII. 4，黄复生采，保存在 IOZ，No. 220479。

分 布 西藏（亚让）。

寄 主 未知。

简 记 模式标本保存在中国科学院动物研究所，正模红色标签上的种名写的是 *Dindymus tibeticus* Liu，1979，但是该种在 1981 年出版的《西藏昆虫》一书正式发表时所用的种名为 *Dindymus medogensis* Liu，1981。2017 年 D. Rédei 在模式标本上增加了一个鉴定标签，种名为 *Dindymus medogensis* Liu，1981。

（18）华光红蝽 *Dindymus*（*Dindymus*）*chinensis* Stehlík & Jindra，2006（图 31，32）

Dindymus（*Dindymus*）*chinensis* Stehlík & Jindra，2006：23.

体 色 体红色至暗红色；膜片灰色，其上黑色圆斑大小可变。触角（除第 1 节基部红色）、各足、胸部侧板（除第 1 节侧板上部）、腹板基部、喙第 2~4 节、腹部第 3 节基部横斑黑色；前胸腹板前缘、喙第 1 节、前胸侧板上侧片红色；胸部侧板后缘、基节白乳白色；腹部腹板（除等 1 节腹板黑色）和生殖节橘黄色（图 31）。

结 构 体宽大，前翅中部处最宽。复眼眼窝突出，眼窝后缘与前胸背板前缘相接触；复眼之前的头部向前突出，头部腹面圆鼓。前胸背板侧缘翘折相当宽阔；前角边缘钝圆；胝区隆起；小盾片隆起，基部略凹入；前胸背板胝区周缘刻点，后叶浅刻点；小盾片基部具有浓密深刻点；爪片和革片刻点浓密。雄性生殖器（图 32）：尾节后缘突出，两侧内凹较深，中央突起端部平截或略凹入（图 32A~D）；抱器细长，略呈"S"形，端部渐细（图 32E）；阳茎如图 32F-H 所示。

量　度　[♂（n=3）/♀（n=8），mm] 体长 11.77~12.31/12.85~14.71；头宽 2.01~2.11/2.16~2.35；复眼间宽 1.19~1.24/1.24~1.40；触角长 I–IV= 2.59~2.65/2.75~3.11，1.89~2.00/1.89~2.21，1.54~1.62/1.67~1.84，2.43~2.69/2.69~2.86；前胸背板长 2.11~2.16/2.59~2.70；前胸背板宽 3.54~4.00/4.21~4.62；小盾片长 1.40~1.51/1.57~1.84；小盾片宽 1.70~2.11/2.11~2.21。

模式标本　正模，♂，中国，湖北，木鱼，31°45′N，110°4′E，1100m，2002–VI–16，J. Turna lgt.，保存在捷克农业大学。副模，1♂，3♀，中国，陕西，秦岭，旬阳坝，1200m，2000–V–20–VI–10，Zdeněk Jindra 个人收藏；2♂，3♀，中国，湖北，木鱼，31°45′N，110°04′E，1100m，2002–VI，J. Turna lgt.，Zdeněk Jindra 个人收藏；2♂，2♀，中国，湖北，木鱼，31°49′N，110°04′E，1300m，2004–V–18，V. Ryjáček lgt.，Zdeněk Jindra 个人收藏；2♀，中国，福建，Kuatun，2018–IX–46（Tschung sen），保存在 Moravian Museum，Brno，Czech Republic。

观察标本　1♂，1♀，陕西，秦岭，商洛，柞水，2020–VIII–15，850m，赵萍采集，雌性标本损坏，触角丢失。

分　布　湖北（神农架木鱼镇）、陕西（秦岭旬阳坝、柞水）、福建（武夷山挂墩）。

简　记　华光红蝽 *Dindymus*（*Dindymus*）*chinensis* Stehlík & Jindra，2006 年根据湖北神农架木鱼的标本为模式而建立，我们手上陕西柞水县的标本与描述基本一致。该种由 Stehlík & Jindra 在 2006 年发表，与阔胸光红蝽非常近似，但是个体大小差别较大，体型也略有差异，从生殖器结构比较，2 种最为接近，仅略有不同，有待进一步研究。

（19）阔胸光红蝽 *Dindymus lanius* Stål，1863（图 33，图 34）

Dindymus lanius Stål，1863：401；Distant，1903/1904：110；Liu，

1981a：229.

体　色　体朱红色。复眼、触角（除第 1 节基部红色外）、前翅膜片大部（除内角和顶缘浅褐色外）、喙（除第 1 节及第 2 节基部）、小盾片基缘、胸腹板、胸侧板（除白色带斑）、腹部基部、足黑色；足基节外侧斑黄白色；腹部腹面金黄色至浅黄褐色，基缘至基半部黑棕色，大部分或端半部浅黄褐色（图 33）。

结　构　体宽阔卵圆形，前胸背板和前翅横宽。前胸背板前角钝圆，其前缘稍大于头宽，略大于侧脚间宽的 1/2，前叶脈部后缘平直，后叶具稀疏刻点。革片前缘中部明显向外突出，其内侧具细密刻点（图 33）。雄性生殖器（图 34）：尾节后缘突出，两侧内凹（图 34A~C）；抱器细长，略呈"S"形，端部渐细（图 34D，E）；阳茎如图 34F~H 所示。

量　度　[♂（n=3）/ ♀（n=8），mm] 体长 12.00~14.50/15.00~16.50；腹部最大宽度 5.58~6.02/6.00~6.32；头长 2.12~2.22/2.22~2.24；眼前区 1.28~1.34/1.56~1.58；眼后区 0.68~0.70/0.72~0.74；复眼间宽 2.40~2.42/2.46~2.60；触角长 I–IV=3.00~3.14/3.00~3.22，2.16~2.20/2.02~2.04，2.06~2.14/1.82~1.88，2.84~2.88/2.16~2.20；喙长 I–IV=2.00~ 2.10/1.82~1.86，2.24~2.28/2.54~2.58，1.56~1.60/1.76~1.82，1.00~1.20/1.24~1.28；前胸背板前叶 0.66~0.70/0.74~0.82；前胸背板后叶 1.72~1.80/1.80~1.86；胸部最大宽度 4.62~5.00/4.84~4.98；小盾片长 1.44~1.46/1.54~1.56；前翅长 11.50~12.50/11.80~13.50。

观察标本　1 ♀，2013–X–12–15；1 ♂，1 ♀，2014–IIV–28；2 ♂，6 ♀，2013–VII–27，贵州，茂兰，赵萍采集，保存在 KU。

分　布　贵州（茂兰）、湖北（神农架）、四川（雅安、峨眉山）、浙江（东天目山、松阳）、福建（邵武、厦门）；缅甸、印度。

寄　主　胡萝卜。

简　记　Distant（1903，1904）提到该种体色多变，分为几种类型：①前胸背板后叶赭色；②前翅膜片赭色；③触角全黑，除第1节基部；④膜片赭色，腹部腹面麦秆色，端部红色；⑤股节端部和胫节基部或多或少红色。

根据 Stehlík & Jindra（2006）文献中图示的阔胸光红蝽，与刘胜利所描述的藏光红蝽极为相似，Distant（1903/1904）记录阔胸光红蝽分布于印度和缅甸，及中国云南西部；Stehlík & Jindra（2006）所建立的华光红蝽，与刘胜利（1981）所描述的中国南方广泛分布的阔胸光红蝽形态近似，但略有不同，我们做了一些比较，Stehlík & Jindra（2006）认为华光红蝽分布于中国亚热带地区，而阔胸光红蝽分布于东洋区。因标本有限，三个种有待以后进一步研究。

（20）泛光红蝽 *Dindymus rubiginosus*（Fabricius，1787）（图35，图36）

Cimex rubiginosus Fabricius，1787：301.

Dindymus rubiginosus var. *geniculatus* Breddin，1901：19，82.

Dindymus rubiginosus var. *subsanguineus* Blöte，1931：113.

Dindymus rubiginosus：Distant，1903/1904：111；Liu，1981a：229；

　　　　Kerzhner，2001：250.

体　色　深红色。胸部前、中和后胸侧板后缘宽阔乳白色；触角（除第1节基部）、喙（除第1节基部）、膜片基角和中部大斑、胸部腹板、胸部侧板（除后缘白色）、足黑色；触角第1节基部、喙基节基部浅红色；前翅膜片淡赭色，膜片基角具黑斑，中部黑斑大小可变；腹部之下颜色可变，从淡红色至麦秆色，甚至全黑；腹部腹面近末端中央有不规则黑斑纹，斑纹常有变异（图35）。

结　构　窄椭圆形。前胸背板胝隆起、光滑，其前缘小于头宽，侧缘强烈向上翘折；前胸背板后叶及小盾片基缘具粗刻点；小盾片大部及革片前缘较光滑，革片顶角显著延伸，较窄长；其内侧具细密刻点（图35）。雄性生殖器（图36）：尾节后缘的尾节突为2个圆形突起，两侧各具有3个小突起，最外侧还具有一个较大突起（图36A~C）；抱器纤细，镰刀状（图36D~F）；阳茎如图36G~I所示。

量　度　[♀（n=1），mm] 体长 11.83/16.33；腹部最大宽度 4.00/5.83；头长 1.83/2.17；眼前区 0.83/1.17；眼后区 0.17/0.33；复眼间宽 1.25/1.33；触角长 I–IV=2.83/3.17，1.83/2.17，1.50/1.83，2.67/3.00；喙长 I–IV=1.67/2.17，1.83/2.17，1.83/2.33，1.00/1.17；前胸背板长 2.17/2.67；胸部最大宽度 3.33/4.67；小盾片长 0.83/1.17；前翅长 8.33/11.67。

观察标本　1♀，云南，勐腊，2013-VIII-6；1♀，云南，勐腊，2011-IV-22，保存在 CAU，损坏；21♂，5♀，云南，勐腊，龙门，2013-IV-17-23，赵萍和万人静采集，保存在 CAU；5♂，5♀，云南，勐腊，勐满，南平，2013-IV-17-25，赵萍和万人静采集，保存在 CAU；1♀，海南，琼中，2018-IX-28，赵萍采集，保存在 CAU。

分　布　海南、广东、广西（大青山）、云南（勐海、勐腊、瑞丽、金平、西双版纳：新曼窝、景洪、勐往、勐混、勐板、勐遮、勐龙、勐阿）、西藏（亚让）、台湾；印度、缅甸。

寄　主　紫胶。

捕食对象　鳞翅目幼虫、棉红蝽成虫、若虫。

（21）异泛光红蝽 *Dindymus sanguineus*（Fabricius，1794）（图37，图38）

Lygaeus sanguineus Fabricius，1794：155.

Dindymus rubiginosus sanguineus：Liu，1981a：229.

Dindymus sanguineus：Distant，1903/1904：112；Stehlík & Kerzhner 1999：123；Kerzhner，2001：250.

体　色　深红色。仅后胸侧板后缘有 1 白色宽带，各足基节外侧色暗，无明显白斑；触角（除第 1 节基部）、喙（除第 1 节基半部）、膜片基角和中部大斑、胸部腹板、胸部侧板（除白色斑）、足黑色；前胸背板基缘、膜片（除黑斑）淡赭色；腹部之下颜色可变，从淡红色至麦秆色，腹部腹面近末端中央有不规则黑斑纹；前翅膜片黑斑、腹部腹面基缘黑带及其近中央斑纹常有变异，前翅膜片黑斑变异亦较明显（图 37）。

结　构　体稍宽圆；前胸背板前缘几与头等宽；胝区隆起、光滑，周缘深刻点刻痕；侧缘向上翘折；前胸背板后叶前部大部，小盾片基缘具粗刻点；小盾片大部及革片前缘较光滑，革片大部分具细密刻点；革片顶角较窄长（图 37）。雄性生殖器（图 38）：尾节圆，尾节突齿状（图 38A~C）；抱器纤细，镰刀状（图 38D）；阳茎如图 38E~G 所示。

量　度　[♂（n=37）/♀（n=36），mm] 体长 13.00~14.50/16.00~17.00；腹部最大宽度 4.12~4.16/5.24~5.42；头长 2.14~2.16/2.54~2.64；眼前区 1.24~1.46/1.48~1.50；眼后区 0.80~0.82/0.82~0.88；复眼间宽 2.14~2.24/2.42~2.48；触角长 I–IV=3.00~3.20/3.24~3.26，1.92~1.96/2.24~2.26，1.72~1.76/1.82~1.90，1.54~1.56/2.62~2.66；喙长 I–IV=2.00~2.10/2.24~2.28，2.04~2.16/3.00~3.06，2.00~2.12/2.52~2.54，1.00~1.06/1.04~1.10；前胸背板前叶 0.62~0.64/0.64~0.66；前胸背板后叶 1.54~1.56/2.00~2.20；胸部最大宽度 3.54~3.56/4.62~4.66；小盾片长 1.42~1.48/1.54~1.60；前翅长 10.50~11.00/12.00~13.50。

观察标本　5 ♂，7 ♀，2014-VI-4，广西，宁明，赵萍、杨坤采集，保存在 KU；4 ♂，4 ♀，2017-XI-11，广西，龙州，赵萍采集，保存在 KU；6 ♂，7 ♀，广西，防城港，金花茶自然保护区，2020-VI-10，保存在 NNU；1 ♂，2019-VIII-6，广东，清远，阳山，赵萍、黎东海、袁美烜采集，保存在 NNU；8 ♂，22 ♀，2017-VI-26，广东，高要，鼎湖山，保存在 CAU；3 ♀，2017-V-24，广东，石门台自然保护区，保存在 CAU。

分 布 广东（高要、石门台、清远）、海南、广西（瑶山、龙州、宁明、防城港）、云南（瑞丽、景东、金平、西双版纳：景洪、勐遮、勐阿）及东南沿海岛屿；印度、缅甸。

寄 主 未知。

简 记 刘胜利（1981a）将该种作为泛光红蝽 *Dindymus rubiginosus*（Fabricius，1787）的亚种，即 *D. rubiginosus sanguineus*（Fabricius，1794）。Distant（1904）和 Kerzhner（2001）认为两者均为独立种，本书也将异泛光红蝽 *Dindymus sanguineus*（Fabricius，1794）作为独立种记述。主要差异在于：异泛光红蝽 *D. rubiginosus sanguineus*（Fabricius）颜色较深红，后胸侧板后缘白色，而泛光红蝽 *Dindymus rubiginosus*（Fabricius，1787）颜色较浅红，前、中和后胸侧板后缘均是白色带纹，且基节臼有明显白斑。通过雄性外生殖器解剖发现，泛光红蝽的尾节突圆，两侧还具有数个小突起，而异泛光红蝽尾节突角状，两侧仅具有 1 对小突起。2 个种的一般外部形态结构和体色多变，并且较为近似，不易区分。

2.5 棉红蝽属 *Dysdercus* Guérin-Méneville，1831

Dysdercus Guérin-Méneville，1831：12. Type species by monotypy：*Dysdercus peruvianus* Guérin-Méneville，1831.

属 征 体为鲜艳红色；体较窄长，长椭圆形。复眼无柄；触角第 1 节长于或约等长于第 2 节；喙基节略长于头。前胸背板侧缘略扩展、翘折；前翅革片顶角狭长；前翅完整，明显超过腹端，膜片基部有 2 个明显翅室，其余翅脉细长。腹部腹面各腹节接合缝较平直，前足股节腹面近端部具刺；腹部腹面具有白色横带斑。

分 布 非洲区、新北区、新热带区、古北区东部、东洋区、澳洲区。

简　记　棉红蝽属全球分布，是红蝽科在西半球唯一分布的属，世界已知超过 100 余种，中国仅记录 5 种。主要寄生于各种锦葵科植物上，包括一些危害棉花的害虫种类，如：离斑棉红蝽 *Dysdercus cingulatus*、柯宁棉红蝽 *Dysdercus koenigii* 等，棉红蝽主要的捕食者是颈红蝽，在野外采集时发现：棉红蝽属种类种群中常常有一定比例的颈红蝽种类个体存在，推测对棉红蝽的自然控制发挥重要作用。*Dysdercus*（*Dysdercus*）*crucifer* Stål，1870（中国台湾）为叉带棉红蝽的同物异名，但是两者体色略有不同，附录的名录中仍保留了此种名。*Dysdercus*（*Dysdercus*）*megalopygus* Breddin，1909 为离斑棉红蝽的同物异名（Kerzhner，2001）。

中国棉红蝽属 *Dysdercus* Guérin-Méneville，1831 分种检索表

1. 小盾片黑色；体较小，一般小于 15 mm ·······················2

–. 小盾片红色，或有黑斑；体较大，一般大于 15 mm ··············4

2. 前翅大部分黑色，具"X"形白色带纹，革片前缘红色 ·············

················· 叉带棉红蝽 *Dysdercus decussatus* Boisduval，1835

–. 前翅红色，革片无"X"形白色带纹，一般具有黑色圆斑 ···········3

3. 前胸背板前缘白带纹横贯前缘和前角；胝区暗棕色至黑色；革片黑斑达其端缘近基部，与前翅黑色膜片相接，左右黑斑似相连 ·············

··········· 联斑棉红蝽 *Dysdercus poecilus*（Herrich-Schäeffer，1843）

–. 前胸背板前缘白带纹不横贯前缘，前角红色；胝区红色；革片 2 黑斑明显分离、不与前翅黑色膜片相接 ·····························

··········· 离斑棉红蝽 *Dysdercus cingulatus*（Fabricius，1775）

4. 前胸背板前缘具有白色带纹；小盾片完全红色；前翅革片中央有 1 黑小斑，膜片淡褐色，几透明·········· 细斑棉红蝽 *Dysdercus evanescens* Distant，1902

-. 前胸背板前缘无白色带纹；小盾片红色，但基部黑色；前翅革片无黑色圆斑，

膜片浅褐色，基部具黑色斑 ……………………………………………………………

……………………… 暗斑大棉红蝽 *Dysdercus fuscomaculatus* Stål，1863

副棉红蝽亚属 Subgenus *Paradysdercus* Stehlík，1965

（22）离斑棉红蝽 *Dysdercus cingulatus*（Fabricius，1775）（图 39，图 40）

Cimex cingulatus Fabricius，1775：719.

Dysdercus cingulatus：Distant，1903/1904：118.

Dysdercus cingulatus cingulatus：Kerzhner，2001：252.

Dysdercus megalopygus Breddin，1909：300（syn. Blöte 1931：118；Freeman，

1947：409）.

体　色　体背面橘黄至橘红色，腹面红色，前翅革片中部 2 个黑色
圆斑彼此分离。前翅革片和爪片橘黄色；头、触角第 1 节基部、喙（除
端节）、前胸背板胝及其侧缘、各足基节、转节和股节基部、体腹面
（除白色带斑）红色；触角第 1 节端部大部及第 2 节和第 3 节（第 4 节暗
棕色）、复眼、小盾片、革片中央圆斑、前翅膜片、股节（除基部红）、
胫节及跗节棕黑色至黑色；前胸背板前缘（除前角红色）、各胸侧板后
缘和基节臼，及腹部腹板各节后缘乳白色（图 39）。

结　构　头顶鼓起；复眼向两侧突出；喙末端超过腹部第 2 节；触
角第 1 节长于第 2 节，第 3 节最短，第 4 节最长。前胸背板侧缘向上翅
折，横缢明显，胝区光滑，前胸背板的领和后叶，前翅的革片和爪片具
细刻点；小盾片后部略隆起，顶端突出；前翅革片顶角狭长而尖锐；前
足股节末端腹面具有 2~3 个刺（图 39）。雄性生殖器（图 40）：尾节后
缘延长，内部突起二叉状，彼此靠近（图 40A~C）；抱器细长，端部黑
色，中部略弯（图 40D，E）；阳茎如图 40F~H 所示。

量　度　[♂（n=16）/♀（n=11），mm] 体　长 11.50~16.80/13.00~

18.00；腹部最大宽度 3.86~6.00/4.00~6.18；头长 1.30~2.70/1.60~2.80；眼前区 1.00~1.80/1.04~1.68；眼后区 0.32~0.42/0.60~0.80；复眼间宽 1.20~1.50/2.10~2.14；触角长 I–IV=3.00~4.50/3.60~3.72，1.80~2.52/1.82~2.40，1.12~1.50/1.22~1.32，2.68~3.72/3.06~3.36；喙长 I–IV=1.46~2.22/1.60~2.52，1.40~2.1/1.62~1.20，0.80~1.50/1.32~1.50，1.24~1.68/1.00~1.80；前胸背板前叶 0.60~0.96/0.68~1.02；前胸背板后叶 1.40~1.98/1.46~1.62；胸部最大宽度 3.00~4.80/3.30~4.80；小盾片长 1.22~1.50/1.26~1.92；前翅长 9.00~13.20/9.50~13.20。

观察标本 1♂，贵州，剑河，南明，保存在 KU；1♀，2011-VI-2，广东，中山大学，张辰亮采集，保存在 CAU；1♂，1♀，2014-VI-4，广西，宁明，赵萍和杨坤采集，保存在 KU；2♂，1♀，2017-XI-11，广西，宁明，赵萍和杨明园采集，保存在 KU；2♂，2017-XI-13，广西，宁明，花山，蝴蝶谷，赵萍和杨明园采集，保存在 KU；3♂，3♀，2017-VIII-15，广西，龙州，赵萍采集，保存在 KU；6♂，3♀，2013-IV-23，云南，勐腊，赵萍采集，保存在 KU；1♀，2016-V-9，云南，玉溪，新平，邱鹭采集，保存在 CAU；1♂，1♀，2013-IV-26，云南，瑶区，瑶族乡，保存在 CAU；1♂，2015-V-31，云南，河口，南溪，赵萍采集，保存在 KU；4♀，2013-IV-21，云南，勐腊，龙门，保存在 KU；1♀，2017-VI-3，海南，鹦哥岭，红坎村，保存在 CAU；1♀，2018-IX-28，海南，琼中，赵萍采集，保存在 NNU；1♀，广西，防城港，金花茶，赵萍采集，保存在 NNU。

分布 海南（鹦哥岭、琼中）、福建（厦门、和溪、南靖）、广东（广州、高要）、广西（龙州、南宁、兴安瑶山、宁明、防城港）、贵州（剑河）、四川（仁寿）、云南（玉溪、河口南溪、怒江西部、洱源、景东、龙陵、金平、保山、西双版纳：景洪、勐养、勐腊、勐混坝）；印度、斯里兰卡、缅甸、马来西亚、印度尼西亚、菲律宾、澳大利亚、巴布亚新几内亚、马来群岛；广泛分布于热带南亚和东南亚各地。

寄　主　柑橘、棉花、甘蔗、桑树、茶树、杧果、腰果、凤眼果、蝴蝶果、瓜栗、油茶、荔枝、朱槿、龙眼、葡萄。

简　记　该种与该属的其他种类的主要差异和鉴定特征是体色和色斑；但是该种分布较广，体型大小变化较大。中国台湾、日本和澳大利亚分布另一亚种：*Dysdercus*（*Paradysdercus*）*cingulatus nigriventris* Stehlík，1965。

（23）细斑棉红蝽 *Dysdercus evanescens* Distant，1902（图41，图42）

Dysdercus evanescens Distant，1902：43.

体　色　体橘红色。触角（除第1节基部暗红色）、复眼、革片中央1细小斑及腹部腹板接合缝侧部黑色至棕黑色；前胸背板前缘、前胸腹板前缘、各胸侧板后缘、基节臼、腹部腹板各节后部横斑白色；头部、喙、前胸背板前叶和侧缘、前翅革片前缘和内缘、爪片外缘、小盾片、胸侧板和腹板（除白色斑）、腹部腹面（除白色和黑色横斑）、各足（除跗节黑色）橘红色；前翅革片和爪片（除边缘）、前胸背板后叶浅褐色或浅黄褐色；膜片浅棕色，半透明（图41）。

结　构　体型较大，长椭圆形。头部三角形，复眼向两侧伸出，触角第3节最短，第4节最长，第1节略长于第2节，末端可伸达腹板第3节。前胸背板（除胝区光滑）、前翅革片和爪片具细密刻点，胸侧板、腹侧也具刻点；前胸背板侧缘和前翅革片侧缘略向上翘折，光滑；革片中央的圆斑较细小；前翅较长，明显超过腹部末端（图41）。雄性生殖器（图42）：尾节突向后延伸，与暗斑大棉红蝽相近似，尾节内部端突彼此略分开（图42A~D）；抱器棒状，端部为两平行突起，中部略弯（图42E）；阳茎如图42F~H所示。

量度　[♂（n=18）/♀（n=12），mm]体长 15.5~17.0/20.0~21.5；腹部最大宽度 5.24~5.32/6.86~6.98；头长 1.68~1.72/2.14~2.38；眼前区 1.24~1.30/1.6~1.72；眼后区 0.32~0.48/0.60~0.70；复眼间宽 2.16~2.30/2.56~2.78；触角长 I–IV=3.12~3.24/3.86~3.90，2.46~2.66/3.00~3.20，1.64~1.84/ 1.56~1.78，3.48~3.54/3.30~3.90；喙长 I–IV=1.66~1.72/2.42~2.58，1.86~1.98/2.46~2.60，1.60~1.88/2.12~2.20，1.36~1.48/1.96~2.10；前胸背板前叶 0.88~0.96/1.00~1.10；前胸背板后叶 1.68~1.82/2.00~2.32；胸部最大宽度 4.20~4.26/5.34~5.38；小盾片长 1.32~1.48/1.68~1.82；前翅长 11.00~12.50/13.50~15.50。

观察标本　9 ♂，10 ♀，2013–IV–24–26，云南，普洱，赵萍采集，保存在 KU；6 ♂，1 ♀，2013–IV–17–24，云南，勐腊，赵萍采集，保存在 KU；3 ♂，2014–V–31，云南，河口，南溪，保存在 KU；1 ♀，2012–V–9，云南，绿春，黄连山，骑马坝，彩万志采集，保存在 CAU；1 ♀，2013–VIII–1，贵州，毕节，草海，保存在 KU；20 ♂，20 ♀，2020–V–30，广西，宁明，花山，赵萍采集，保存在 KU。

分布　云南（景洪、楚雄、普洱、河口南溪、景东、西双版纳：勐龙、勐阿、小勐养、勐板、橄榄坝、勐腊、保山芒宽、绿春）、西藏（聂拉木）、贵州（毕节）、广西（宁明）、台湾；印度、孟加拉国、缅甸，分布于南亚和东南亚大陆，从印度到越南。

寄主　棉花、苘麻、柑橘、豆类。

（24）联斑棉红蝽 *Dysdercus poecilus*（Herrich-Schäeffer，1843）（图 43，图 44）

Pyrrhocoris poecilus Herrich-Schäeffer，1843：17.

Dysdercus poecilus：Liu，1981a：235；Kerzhner，2001：248.

体色　体背面橘黄，腹面深红色；革片上 2 个黑色圆斑在革片与膜片边缘，与膜片相接，似彼此相连。头部、前胸背板侧缘、前翅基部红色；前翅革片和爪片橘黄；前翅膜片及革片中部圆斑、触角、复眼、各足（除基节、转节和股节基红色）、小盾片黑色；前胸腹板前缘、胸部侧板后缘横斑及基节白、雌性腹部腹板第3~7节后缘横斑（雄性第3~5节和第7节后缘横斑，第6节后缘横斑不显著或无）乳白色，且前胸背板前缘领的白色横斑较长，前角也为乳白色，与前胸侧腹板的白斑相连（与离斑棉红蝽的区别特征之一）。前胸背板前叶、胸部侧板、腹部两侧散布黑色，或无（图43）。

结 构 体较小，长椭圆形。头顶鼓起；复眼向两侧突出；喙末端超过腹部第2节中部；触角第1节长于第2节，第3节最短，第4节最长。前胸背板侧缘略向上翘折，横缢明显，前叶凹入，后叶略隆起；胝区光滑，前胸背板前缘、侧缘及后叶，前翅的革片和爪片具细刻点；小盾片后部略隆起，顶端尖锐；前足股节末端腹面具有2~3个刺（图43）。雄性生殖器（图44）：尾节突向后延伸、下弯，内侧突二叉状（图44A~C）；抱器棒状，端部三角状突，侧缘稀疏着生刚毛（图44D，E）；阳茎基和阳茎体如图44F和图44G~I所示。

量 度 [♂（n=43）/♀（n=17），mm] 体长10.0~11.5/12.5~13.5；腹部最大宽度3.46~3.68/3.72~3.78；头长1.36~1.42/1.58~1.68；眼前区0.86~0.96/1.04~1.20；眼后区0.36~0.46/0.38~0.48；复眼间宽1.68~1.88/2.00~2.10；触角长 I–IV=1.98~2.10/2.26~2.38，1.68~1.80/1.46~1.68，0.98~1.08/1.00~1.20，3.00~3.12/2.86~3.18；喙长 I–IV= 0.98~1.30/1.48~1.68，1.40~1.48/1.38~1.50，0.66~0.72/0.80~0.88，1.00~1.24/1.20~1.28；前胸背板前叶0.46~0.50/0.48~0.52；前胸背板后叶1.36~1.48/1.40~1.48；胸部最大宽度3.00~3.20/3.26~3.48；小盾片长0.68~0.98/0.92~1.20；前翅长6.50~8.50/9.00~10.00。

观察标本 24 ♂，4 ♀，2013-IV-23，云南，勐腊，勐满，南平，赵萍采集，保存在KU；1 ♂，2013-IV-24，云南，勐腊（补蚌），赵萍

采集，保存在 KU；1 ♂，1 ♀，2014-Ⅵ-4，广西，宁明，赵萍采集，保
存在 KU；6 ♂，8 ♀，2013-Ⅳ-17-22，云南，勐腊，龙门，赵萍、万
人静采，保存在 KU；1 ♂，1 ♀，2017-8-15，1 ♂，2020-Ⅴ-28，广西，
龙州，弄岗，赵萍和杨明园采集，保存在 KU；1 ♂，1 ♀，2017-11-13，
广西，宁明，花山蝴蝶谷，赵萍和杨明园采集，保存在 KU；5 ♂，1 ♀，
2019-Ⅸ-1，广西，北海，合浦县 120 乡道利添公司，保存在 CAU；
1 ♂，2014-Ⅴ-29，广西，百色，田林县岑王老山，保存在 CAU；2 ♂，
1 ♀，2014-5-31，云南，河口，南溪；1 ♂，1 ♀，广东，梅州，蕉岭县
蓝坊镇龙潭村 157 乡道，赵萍和黎东海采集，保存在 NNU；2 ♂，2018-
8-19，广西，玉林，大容山，赵萍、黎东海和王朝英采集，保存在 NNU；
24 ♂，24 ♀，广西，百色，隆林，金钟山，2020-Ⅶ-3，赵萍采集，保
存在 NNU。

分　布　福建（厦门）、广东（广州、梅州、东南沿海岛屿）、海
南、广西（龙州、南宁、宁明、北海、百色、玉林）、云南（保山、思
茅、金平、潞西、景东、东南河口、西双版纳：景洪、勐龙、勐遮、勐
腊、勐阿、勐板、勐混、勐养）、台湾；日本、菲律宾、缅甸、印度尼
西亚（苏门答腊、爪哇）、印度、马来群岛。

寄　主　杧果、腰果、柑橘类、凤眼果、蝴蝶果、瓜栗、甘蔗、依
兰香、荔枝、龙眼、茶、棉、紫胶林。

曲红蝽亚属 Subgenus *Leptophthalmus* Stål，1870

（25）暗斑大棉红蝽 *Dysdercus fuscomaculatus* Stål，1863（图 45，图 46）

Dysdercus fuscomaculatus Stål，1863：402.

Dysdercus mesiostigma Distant，1888：484（syn. Stehlík & Kerzhner，
　　1999：124）.

Dysdercus mesiostigma Kirby，1891：104（syn. Stehlík & Kerzhner，1999：

124）.

Dysdercus mesiostigmatus Distant，1914b：343. Unjustified emendation for *mesiostigma*.

体　色　体背面橘红色至暗橘红色，体腹面深朱红色。触角（除第1节基部暗红色）、复眼、喙端部、腹部第2节和第3节腹板后部、中胸侧板前部、小盾片基部横带斑、前翅膜片基部三角斑黑色至棕黑色；前翅膜片（除基部黑斑）浅棕色，半透明；前胸背板侧缘和前缘、前翅前缘橘红色；各足胫节和跗节黑褐色；各足基节、转节和股节橘红色至红褐色；小盾片（除基部横斑）橘黄色至橘红色（图45）。

结　构　体型较大，长椭圆形。头部较延长，复眼向两侧伸出；雄性触角第3节最短，第4节最长，第1节约等长于第2节；喙极延长，末端可伸达腹板第6节前缘。前胸背板（除胝区光滑）、前翅革片和爪片具细密刻点；前胸背板侧缘和前翅革片侧缘略向上翘折，光滑；前翅较长，明显超过腹部末端（图45）。雄性生殖器（图46）：尾节突向后延伸，内侧二叉状（图46A~C）；抱器棒状，端部为两平行突起，中部略弯（图46D）；阳茎如图46E，F所示。

量　度　[♂（n=1）/♀（n=1），mm] 体长23.80/23.01；腹部最大宽度7.00/6.44；头长2.60/2.57；眼前区1.60/1.64；眼后区0.40/0.29；复眼间宽2.00/1.43；触角长I–IV=5.00/2.86，4.60/3.36，2.60/2.15，4.80/3.58；喙长I–IV=4.10/3.07，4.60/4.58，5.00/4.93，3.50/3.43；前胸背板前叶1.00/1.07；前胸背板后叶2.20/2.07；胸部最大宽度6.20/5.15；小盾片长2.20/2.15；前翅长18.00/16.00。

观察标本　1♀，2016–V–23，海南，乐东，尖峰岭，保存在CAU；1♂，2006–6–10–20，Indonesia，kept in CAU.

分　布　海南（乐东）、台湾、福建（厦门）；日本，印度、斯里兰卡、巴布亚新几内亚、马来群岛，广泛分布于热带南亚和东南亚。

寄　主　野胸草。

简　记　Kerzhner（2001）的古北区异翅亚目名录中将 *Leptophthalmus* 作为棉红蝽属的 1 个亚属。刘胜利（1981a）记录的模曲红蝽 *Leptophthalmus fuscomaculatus* Stål 即为暗斑大棉红蝽 *Dysdercus fuscomaculatus* Stål，1863。暗斑大棉红蝽与细斑棉红蝽的生殖器近似，但 2 种的成虫体色、结构差异较大。

大棉红蝽亚属 Subgenus *Megadysdercus* Breddin，1900

（26）叉带棉红蝽 *Dysdercus decussatus* Boisduval，1835（图 47A，B；图 48）

Dysdercus decussatus Boisduval，1835：640；Liu，1981a：234；Kerzhner，
　　2001：251.

Dysdercus crucifer Stål，1870：118（syn. Freeman，1947：417）.

Dysdercus（*Megadysdercus*）*decussatus* Boisduval，1835：640.

体　色　体橘红色，腹部背面的前翅中部和小盾片黑色，具有"X"形白色带斑。触角、小盾片、爪片、革片近内缘中部亚三角形斑、前翅膜片、足（除基节和转节）棕黑色至黑色；前胸背板前缘和前胸腹板前缘、胸部侧板后缘、基节臼、第 2 节和第 3 节腹部腹板后缘横斑白色；前胸背板（除白色前缘）、前翅革片前缘、胸部和腹部的腹面（除白色横斑）、各足基节、转节（除端部黑）红色；中胸腹板前部黑斑黑色。前胸背板前叶胝区周缘黑色刻痕（图 47A，B）。

结　构　体长型，两侧近平行。前胸背板侧缘和前翅前缘显著向上翅折，光滑；前胸背板（除胝区）、前翅革片和爪片具粗密黑色刻点，前胸背板胝区和小盾片隆起且光滑。股节端部腹面具有 2~3 个小刺（图 47A，B）。雄性生殖器（图 48）：尾节突略向后延伸，内部突起二叉状，但较短（图 48A~C）；抱器较细长，端部黑色，中部略弯（图 48D，E）；

阳茎如图 48F~H 所示。

量　度　[♂（n=1），mm] 体长 12.87；腹部最大宽度 3.86；头长 1.93；眼前区 1.14；眼后区 2.29；复眼间宽 1.14；触角长 I–IV=2.43，1.86，1.29，2.65；喙长 I–IV=1.00，1.22，1.14，1.14；前胸背板前叶 0.79；前胸背板后叶 1.43；胸部最大宽度 3.29；小盾片长 1.43；前翅长 9.01。

观察标本　1 ♂，2015–X–12，Malaysia，Sabah，kept in CAU.

分　布　河南（郑州）、海南、台湾、东南沿海岛屿；马来西亚、日本、菲律宾、斯里兰卡、马来群岛、琉球群岛。

简　记　中国（台湾）和日本分布另一亚种 *Dysdercus*（*Megadysdercus*）*decussatus sauteri* Schmidt，1932。

2.6　眼红蝽属 *Ectatops* Amyot & Serville，1843

Ectatops Amyot & Serville，1843：273. Type species by subsequent designation（Distant，1903：102）：*Ectatops limbatus* Amyot & Serville，1843.

属　征　体中等大小。复眼具柄，向两侧突出，头宽于前胸背板前缘，头顶中部凹入。前胸背板梯形，中部之前具有横缢，侧缘明显翘折；喙基节与头约等长；股节略加粗，前足股节端部腹面具有小刺。腹部腹板第 4、5 节接合缝侧部明显向前弯曲。

分　布　东洋区。

简　记　世界已知 30 种，中国 3 种。

中国眼红蝽属 *Ectatops* Amyot & Serville，1843 分种检索表

1. 体棕黑色；革片中央及其顶角具黑斑和黄斑·····················
·····················乌眼红蝽 *Ectatops gelanor* Kirkaldy & Edwards，1902
-. 体朱红色；革片无斑 ·······························2

2.体型较小，长椭圆形；前翅膜片浅黄褐色，半透明，中央大斑，斑有变化 …

…………………………… 丹眼红蝽 *Ectatops ophthalmicus*（Burmeister，1835）

–.体型较大，椭圆形，宽圆；前翅膜片浅褐色，半透明，无斑 ………………

…………………………… 云南眼红蝽 *Ectatops grandis* Stehlík & Kment，2017

（27）云南眼红蝽 *Ectatops grandis* Stehlík & Kment，2017（图47C，D），中国新记录种

Ectatops grandis Stehlík & Kment，2017：6.

体　色　体红色。头背面红色，头腹面和喙黑色；触角第1~3节黑色，仅第2、3节的基部红色，第4节浅灰黑色，仅近基部黄色环斑。前胸背板红色，中部横沟、前叶领后横沟刻点及两侧刻点、后叶表面刻点黑色；胸部背板和侧板黑色；各足基节、转节和股节黑色，胫节黑褐色，跗节褐色；小盾片橙红色，基部横斑黑色；前翅爪片和革片红色，膜片完全金黄色；革片、爪片、小盾片和前胸背板的刻点黑色；腹部腹板第2、3节黑色，第4~7节黄白色，节间缝处带斑黑色（图47C，D）。

结　构　头部腹面、胸部腹板和侧板、各足具有白色平伏刚毛。体型宽大。头横向加宽，眼窝强烈向上隆起和向两侧伸出；头三角形，端部尖削。前胸背板梯形，宽于长，前叶胝区强烈圆鼓，前后缘刻点粗大，两侧缘刻点细小，后叶仅稍凸，表面具细刻点；前胸背板侧缘宽圆；小盾片基部深、狭窄，横向凹陷，后部圆鼓，向末端倾斜，后半部具刻点。前翅革区前缘圆，革区和爪片具规则细刻点，仅前缘区域光滑。前足股节未加粗，腹面亚端部具有2个显著齿突。腹部腹板节间缝波曲状。

量　度　[♀（n=1），mm] 体长17.04；腹部最大宽度6.90；头长2.82；头宽3.60；眼前区1.50；眼后区0.49；复眼间宽2.04；触角长I–IV=3.30，2.82，2.28，2.70；喙长I–IV=3.00，2.70，2.58，1.62；前胸

背板前叶 1.20；前胸背板后叶 2.10；胸部最大宽度 5.10；小盾片长 2.10；前翅长 11.58。

模式标本 Holotype：♀，Vietnam，Hue env.，Bach Ma N.P.，16° 12′N，107° 52′E day coll.，12–17.vii.2011，leg. J. Constant & J. Breddeel，I.G. 31.933 [p，yellow label]； ♀ [p，white label]；Holotypus [p]/Ectatops/grandis [hw]/Stehlík & Kment 201 [p] 5 [hw，red label]（ISNB）. The holotype is card-mounted；right antenna and hind leg，left antennomeres II–IV missing.

观察标本 1 ♀，云南，勐腊，龙门，2013–IV–21，赵萍和万人静采集，保存在 CAU。

分　布 云南（勐腊）；越南（中部）。

简　记 Stehlík & Kment（2017）根据采自越南的雌性标本而建立，但是标本右触角，后足和左触角第 2~4 节丢失，我们在 2013 年采到的该种完整的雌性标本，在此处为该种在中国首次记录。该种是眼红蝽属已知个体最大的种类。

（28）乌眼红蝽 *Ectatops gelanor* Kirkaldy & Edwards，1902

Ectatops gelanor Kirkaldy & Edwards，1902：167；Stehlík & Kment 2017：4，5.

体　色 深红褐色。触角第 4 节端部大部、小盾片顶角、革片中部和顶角的小斑、喙、股节基部及臭腺沟缘端部棕黄色至金黄色；革片中央和端部黄斑下有小黑斑；前翅膜片暗棕色，中部有大黑斑；头部、前胸背板前叶、小盾片、触角第 1 节（第 2、3 节红褐色）黑色；各足股节、胫节深红褐色至红褐色，跗节淡褐色，股节和胫节的基部、端部色淡；腹部腹面最后 4 节侧部各有 1 黑色圆斑。

结　构 体长方形。长 10.50mm，前胸背板宽 3.50mm。喙伸超过中足基节。前胸背板胝隆起，光滑，周围具黑色粗大刻点，后叶、小盾片、前翅革片和爪片具刻点。

观察标本 无。

分　布 云南（西双版纳：勐阿）；缅甸、印度、老挝、缅甸、泰国。

简　记 未见观察标本，此处描述根据刘胜利（1981a）和 Stehlík & Kment（2017）描述，详见 Stehlík & Kment（2017）一文对该种的描述和图示。

（29）丹眼红蝽 *Ectatops ophthalmicus*（Burmeister，1835）（图49，图50）

Pyrrhocoris ophthalmicus Burmeister，1835：284.

Ectatops rubiaceus Amyot & Serville，1843：273（syn. Breddin，1990：161）.

Ectatops ophthalmicus：Liu，1981a：227；Kerzhner，2001：253；Stehlík &
　　Kment，2017：13.

体　色 触角第 1~3 节（除第 1 节基部）、喙、复眼斑纹、小盾片基缘、头腹面、胸部腹面和侧面、腹部基缘、腹板节间缝、前翅膜片上大小常变异的斑、各足棕黑色至黑色；前翅膜片内角和端缘棕黄色；触角第 4 节黄棕色，端部和基部黑色；前胸背板胝区周缘刻点和刻痕、后叶和前翅爪片及革片刻点、小盾片末端刻点黑色（图49）。

结　构 长椭圆形，雄虫体稍小。头三角形，横宽；复眼明显具柄，高于头顶，宽于前胸背板前缘。前胸背板边缘及胝区光滑，胝区周缘具粗黑刻点，侧缘刻点细小；小盾片三角形，隆起，其基半部光滑，近顶端具稀疏黑粗刻点，顶端尖锐几乎无刻点。前胸背板后叶和前翅革片、爪片的刻点细小（图49）。雄性生殖器（图50）：尾节突长（图50A~C）；抱器棒状，端部黑色，内弯小突起（图50D~F）；阳茎如（图50G~I）所示。

量　度 [♂（n=8）/ ♀（n=7），mm] 体长 12.00/16.20；腹部最大宽

度 4.56/6.60；头长 2.28/2.82；眼前区 1.38/1.62；眼后区 0.30/0.40；复眼间宽 1.68/1.80；触角长 I–IV=2.58/3.00，1.80/2.04，1.56/1.80，2.04/2.22；喙长 I–IV=1.80/2.10，2.00/2.40，1.50/1.80，1.10/1.38；前胸背板前叶 1.02/1.20；前胸背板后叶 1.44/1.98；胸部最大宽度 3.60/4.50；小盾片长 1.38/1.68；前翅长 8.10/10.80。

观察标本 2 ♂，2 ♀，2017–VI，Indonesia，SW Kalimantan，MT. Bawang，200~1000m，Madi Vill.，kept in CAU；2 ♂，2 ♀，2016–V，Indonesia，West Sumatra Annal valley env，400~600m，slopes of MT Singgalang St Jakl lgt.，kept in CAU；4 ♂，3 ♀，2017–VI，Indonesia，Kalimantan Barat Pr. SW Kalimantan，1000~1500m alt. Singkawang region，MT. Bawang，Madi Vill. env.，kept in CAU.

分　布 海南、广西（龙州）、云南（金平、西双版纳：勐喇）；马来西亚、菲律宾、印度尼西亚。

简　记 没有采集到中国的标本，所有观察标本均为印度尼西亚的标本。Stehlík & Kment（2017）详细图示了该种的形态特征和色斑变化。

2.7　锐红蝽属 *Euscopus* Stål，1870

Euscopus Stål，1870：102，106；Distant1903/1904：105. Type species by monotypy：*Euscopus rufipes* Stål，1870.

属　征 体椭圆形，体腹面被浓密短毛。头长约等于宽，端部向下倾斜，头顶略圆鼓，头宽约等于前胸背板前叶宽；喙伸达或超过中足基节，第 1 节不长于头；触角稍粗短，第 1 节最长，第 2~4 节约等长；前胸背板横宽，宽于长，侧缘稍向上翘折，横缢明显连续。前翅革片前缘近直；前足股节略加粗，近端部腹面具有 2~3 个小刺；腹部腹面腹板第 3、4 节间缝波曲状。

分　布 东洋区。

简 记 世界已知 18 种，中国记录 4 种，此处记录 3 种。分布于中国南方、中南半岛和加里曼丹岛的 *Euscopus distinguendus* Blöte，1933 未做描述（Kerzhner，2001：254；Schaefer & Ahmad，2002），但是该种在 Blöte（1933）的原始描述中，分布于中南半岛（Indo-china，Kompong Kedey）和婆罗洲（Borneo，Trusan），中国是否有分布需要进一步核实。

中国锐红蝽属 *Euscopus* Stål，1870 分种检索表

1. 前翅革片无黑色圆斑··················· 棕锐红蝽 *Euscopus fuscus* Hsiao，1964

-. 革片中央有 1 甚大的黑斑 ··2

2. 革片顶角内侧有 1 窄短小黑带，前翅膜片棕黑色，仅其内角及端缘灰棕色；腹部腹面一色黑色·············· 原锐红蝽 *Euscopus rufipes* Stål，1870

-. 革片顶角有 1 较大略呈圆形黑斑，前翅膜片灰棕色；腹部腹面黑色，中央纵向显著宽阔红色 ·············· 华锐红蝽 *Euscopus chinensis* Blöte，1932

（30）华锐红蝽 *Euscopus chinensis* Blöte，1932（图51，图52）

Euscopus chinensis Blöte，1932：263；Kerzhner，2001：254.

体 色 触角第4节仅基部和顶端浅棕色，其中部污黄色至乳白色；前胸背板侧缘和后缘、前翅革片和爪片（除黑斑）、腹部侧接缘朱红色；爪片及革片基部暗棕色或无；革片中央大斑及其顶角圆斑黑色；前翅膜片浅棕色；腹部腹面中央具显著红色宽纵带（图51）。

结 构 窄椭圆形，雄性个体稍小。前足股节腹面近顶端内侧刺突。前胸背板后叶中央、前翅革片和爪片、小盾片具较浓密的黑刻点；小盾片端部隆起；体腹面具浓密白色短毛（图51）。雄性生殖器（图52）：尾节宽圆，尾节后缘宽凹入，内侧波曲状（图52A~C）；抱器中部有1圆形突起，着生刚毛，端部有1黑色突起（图52D，E）；阳茎基和阳茎如图52F和图52G~I所示。

量　度　[♂（n=2）/♀（n=3），mm] 体长 7.58/10.00；腹部最大宽度 2.86/4.04；头长 0.72/1.32；眼前区 0.36/0.94；眼后区 0.14/0.42；复眼间宽 0.86/1.84；触角长 I–IV=1.86/1.86，0.86/1.24，0.57/0.98，0.86/1.22；喙长 I–IV=0.93/0.84，0.72/1.00，0.57/0.66，0.43/0.64；前胸背板前叶 0.64/0.60；前胸背板后叶 0.72/1.12；胸部最大宽度 2.36/3.00；小盾片长 1.00/1.22；前翅长 5.08/8.00。

观察标本　1♂，1♀，2013-X-3，贵州，兴义，万峰林，赵萍采集，保存在 KU；1♀，2013-IV-23，云南，勐腊，赵萍采集，保存在 KU；1♂，2♀，2018-VI-25-29，贵州，施秉，云台山，吴元霞和邓永婷采集，保存在 KU。

分　布　广东、四川（宝兴）、云南（龙陵、金平、西双版纳：勐龙、勐板、勐养、勐腊、保山芒宽）、贵州（施秉、兴义）；越南。

简　记　与原锐红蝽极相似，但体较短缩，腹部腹面中部宽阔红色，各足黑色；前足股节稍粗壮，其腹面有数个棕黑粗刺。贵州兴义万峰林的个体较小，贵州施秉云台山的个体较大，但体色、结构未发现显著差异，尽管大小差异显著。

寄　主　云南松。

（31）棕锐红蝽 *Euscopus fuscus* Hsiao，1964（图 53A，B）

Euscopus fuscus Hsiao，1964：401，405.

体　色　棕黑色；前翅革片无斑，棕色；触角黑色，第 4 节近基半部乳白色；前胸背板侧缘和后缘、前翅前缘、腹部侧接缘边缘红色；各足黄褐色；胸部侧板和腹板、腹部两侧黑色；腹部腹面中央红褐色，其端部两侧有 4 个黑斑（图 53A，B）。

结　构　长椭圆形，体后部较宽圆。前胸背板后叶、革片具黑刻点；体腹面具浓密短毛（图 53A，B）。生殖节后缘中部深刻凹陷，两侧突出，黄色细毛分布均匀，靠近突出部分的基部处有 1 条横贯全节的横沟。

量　度　[♂（n=2），mm] 体长 7.40~7.75；腹部最大宽度 3.15~3.25；头长 1.05~1.10；头宽 1.43；复眼间宽 0.80；触角长 I–IV=1.95~2.00，1.10，0.75，1.10~1.25；喙长 I–IV=0.75~0.90，0.75~0.80，0.50~0.60，0.45~0.50；前胸背板长 1.55~1.65；胸部最大宽度 2.50~2.60；小盾片长 1.00~1.10；前翅长 5.35~5.40。

模式标本　正模，♂，云南，龙陵，1600m，1955–V–11，克雷让若夫斯基采集，保存在 IOZ，IOZ（E）220472。

分　布　云南（龙陵）。

简　记　萧采瑜（1964）在文中提道："本种 30 余标本，是同一天在同一地区采集的，身体背面的颜色变异很大，大致可以分为 2 个不同的类型：一类完全红色，仅头的基部、小盾片基部、前胸背板及前翅上的刻点黑色，膜片由完全浅色至中央大部为黑色。另一类前胸背板、小盾片、前翅均为黑色，仅前胸背板四周边缘及前翅前缘基半部红色，膜片的内基角及顶缘浅色。在此二者之间，也有少数中间变异，有的前胸背板中央黑色，有的小盾片亦为黑色，膜片中央大部黑色。身体腹面的颜色较为固定，头部黑色，两侧红色，胸部完全黑色，仅胸侧板侧缘及前翅折缘红色，腹部污黄色，基部及两侧节间缝黑色，雄虫腹部两侧稍带污黑色。"

（32）原锐红蝽 Euscopus rufipes Stål，1870（图 53C，D）

Euscopus rufipes Stål，1870：106；Kerzher，2001：254.

体　色　橘红色至大红色，具有黑斑；触角（除第 4 节中部黄白和第 1 节基部红）、头部、前胸背板中央大部、小盾片、爪片、革片中央大斑及其顶角内侧短小窄带、前翅膜片大部分、胸侧板和腹板、腹部腹面黑色；触角第 1 节基部、前胸背板后缘和侧缘、革片（除黑斑）橘黄色至红色；各足基节、转节和股节棕红色，胫节和跗节黄褐色；触角第

4 节亚基半部、前翅膜片端缘黄白色（图 53C，D）。

结　构　窄椭圆形。前足股节腹面近顶端内侧有数个红棕色刺。前胸背板后叶中央及革片具黑刻点，小盾片隆起，基部光滑，顶端具横皱和稀疏刻点，身体腹面具浓密短毛（图 53C，D）。

量　度　[♀（n=3），mm] 体长 9.58~10.58；腹部最大宽度 3.72~4.29；头长 0.86~1.29；眼前区 0.21~0.57；眼后区 0.14~0.22；复眼间宽1.00~1.14；触角长 I–IV=1.86~2.29，1.14~1.29，0.93~1.01，1.00~1.30；喙长 I–IV=1.11~1.22，0.90~1.01，0.63~0.73，0.43~0.57；前胸背板前叶0.57~0.79；前胸背板后叶 1.00~1.14；胸部最大宽度 3.15~3.36；小盾片长 1.29~1.43；前翅长 6.58~7.29。

观察标本　2♀，2011–IV–26，云南，勐海，布朗山，保存在 CAU；1♀，2016–VI–17，广西，金秀，大瑶山，罗阴沟，保存在 CAU。

分　布　广西（龙州、金秀）、云南 [屏边、龙陵、景东、墨江、西双版纳：勐养、勐阿、勐遮、勐海（布朗山）、新曼窝]、台湾；日本、印度、缅甸、越南、印度尼西亚（爪哇）。

2.8　绒红蝽属 *Melamphaus* Stål，1868

Melamphaus Stål，1868：83. Type species by monotypy：*Cimex faber* Fabricius，1787.

属　征　体大型，长椭圆形，被浓密短毛。复眼向两侧伸出，无柄，头与前胸背板前叶等宽；复眼不触及前胸背板前缘；喙长，末端伸达腹部中部，第 1 节超过前胸腹板前缘；触角长，第 1 节与第 2 节约等长。前胸背板梯形，中部横缢向两侧弧形弯曲；前翅超过腹部末端；腹部腹板第 3、4 节略向两侧弯曲；足长，前足股节腹面近端部内侧具刺；跗节延长，第 1 节明显长于第 2、3 节之和。

分　布　东洋区。

中国绒红蝽属 *Melamphaus* Stål，1868 分种检索表

1. 体型较大；体背面棕黑色，革片在近膜片处具有 1 对红色斑；前胸背板侧缘
   不向上翘折⋯⋯⋯⋯⋯⋯⋯⋯ 绒红蝽 *Melamphaus faber*（Fabricius，1787）

-. 体型较小；体背面棕红色，具显著黑斑；前胸背板侧缘前部明显向上翘折 ⋯
   ⋯⋯⋯⋯⋯⋯⋯⋯ 艳绒红蝽 *Melamphaus rubrocinctus*（Stål，1863）

（33）绒红蝽 *Melamphaus faber*（Fabricius，1787）（图 54，图 55）

Cimex faber Fabricius，1787：297.

Melamphaus faber var. *distanti* E. Schmidt，1932：244.

Melamphaus faber var. *vicinus* E. Schmidt，1932：245.

Melamphaus faber：Liu，1981a：228；Kerzhner，2001：254；Distant
   1904：107.

体　色　体背面黑色，腹面红色。头、前胸背板前叶、胸部侧板和
腹板、腹部腹面、各足基节红色；前翅革片中下部 1 对黄斑；触角第 4
节灰色；腹部腹板第 3、4 节中央具有黑斑，第 4~7 节两侧具有黑斑；
腹部腹板节间缝深色（图 54）。

结　构　体大型，长椭圆形，前后尖细，足细长。前胸背板光滑，
侧缘不向上翘折，胝区周缘有印痕，后叶中央具刻点；小盾片中部稍隆
起，光滑；前翅超过腹端，前翅爪片具稀疏刻点，革片内侧前缘具有刻
点（图 54）。雄性生殖器（图 55）：尾节突圆形突出，彼此较靠近（图
55A~C）；抱器近中部的 1 圆鼓突起，不如艳绒红蝽显著，端部二分叉，
中部着生刚毛（图 55D，E）；阳茎如（图 55F~H）所示。

量　度　[♂（n=2）/♀（n=1），mm] 体长 21.22/30.20；腹部最大宽
度 7.72/9.60；头长 2.60/3.15；眼前区 1.70/2.43；眼后区 0.80~1.07；复眼
间宽 1.79/1.90；触角长 I–IV=4.29/6.00，4.29/6.00，4.08/4.40，3.65/5.00；
喙长 I–IV=4.00/4.15，4.29/4.40，5.00/5.01，2.43/2.80；前胸背板前叶

1.72/2.40；前胸背板后叶 3.00/3.20；胸部最大宽度 6.44/7.60；小盾片长 2.22/3.20；前翅长 17.50/22.00。

观察标本 1 ♂，2017–VIII–9，广西，金秀，大瑶山，罗梦山，保存在 CAU；1 ♀，2019–I，Philippines，Zamboanga，del Norte，Mindanao，保存在 CAU；1 ♂，2016–V–VI，NW Myanmr，Chin state，Chin Hills，alt，400~500m，NW of Falam，保存在 CAU。

分　布 广西（金秀）、云南（西双版纳：勐阿、勐板、景洪）、西藏、台湾；印度、缅甸、马来西亚、菲律宾。

寄　主 玫瑰茄。

（34）艳绒红蝽 *Melamphaus rubrocinctus*（Stål, 1863）（图 56，图 57）

Dysdercus rubrocinctus Stål，1863：403.

Melamphaus femoratus Walker，1873：15（syn. Distant，1902：37）.

Melamphaus rubrocinctus：Liu，1981a：228；Distant1904：108；

　　Kerzhner，2001：254.

体　色 棕红色，具明显黑色斑纹。头部（除基部）、各足基节、转节和股节浅红棕色至红棕色；前胸背板侧缘和后缘、前翅革片（除黑斑）、腹部腹板（除黑斑）土黄色至红褐色；头背面基部、触角（除第 1 节基部红棕色）、喙（除第 1 节基部红棕色）、前胸背板中部大部、胸部侧板（除白色斑）、小盾片（除端部）、革片内侧及其中央大斑和顶角、腹部腹面腹板接合缝横斑、胫节（除基部红棕色）及跗节棕黑色至黑色；革片中部带纹、前翅膜片端缘、胸及腹部腹面浅棕色或暗褐色；前胸背板前缘背、腹面及各胸侧板后缘和基节臼乳白色；前、中胸腹板红褐色至褐色，后胸腹板土黄色至红褐色（图 56）。

结　构 体大型，较绒红蝽略小，长椭圆形，后部钝圆，足细长。前胸背板侧缘扩展，向上翘折；前胸背板前叶胝区周缘有印痕，后叶中央具刻点；小盾片中部稍隆起；前翅超过腹端，前翅革片和爪片具刻点（图 56）。雄性生殖器（图 57）：尾节圆，尾节突圆形突出（图 57A~C）；抱器近中部膨大 1 圆鼓突起，端部二分叉，中部着生刚毛（图 57D，E）；阳茎如图 57F~H 所示。

量　度　[♂（n=2）/ ♀（n=1），mm] 体长 16.45/20.51；腹部最大宽度 5.29/7.36；头长 2.07/2.29；眼前区 1.14/1.14；眼后区 0.21/0.21；复眼间宽 1.07/1.50；触角长 I–IV=3.72/4.00，3.07/3.72，2.57/3.07，3.29/3.43；喙长 I–IV=2.43/4.00，2.00/3.86，2.43/3.86，1.36/2.36；前胸背板前叶 0.93/1.07；前胸背板后叶 2.15/2.22；胸部最大宽度 4.65/5.79；小盾片长 2.00/2.29；前翅长 11.80/15.00。

观察标本　1 ♂，1 ♀，2017–VI–21–23，云南，绿春，黄连山，太平掌，刘盈祺采集，保存在 CAU；1 ♂，2016–V–VI，NW Myanmr，Chin state，Chin Hills，alt. 400~500m，NW of Falam，保存在 CAU。

分　布　云南（绿春、潞西、怒江西部、西双版纳：勐往、勐遮、勐阿）；印度、缅甸。

2.9　红蝽属 *Pyrrhocoris* Fallén，1814

Pyrrhocoris Fallén，1814：9；Kanyukova，1988：183. Type species by monotypy：*Cimex apterus* Linnaeus，1758.

属　征　体型较小，长卵圆形；头顶、前胸背板、小盾片、前翅革区、爪片刻点；头部三角形，中叶较突出；喙末端伸达后足基节；前胸背板梯形，前胸背板前叶脈区光滑略鼓起；革片端缘向外突出，或多或少呈弧形；前翅膜片翅脉呈乱网状，或短翅型；股节略加粗，腹面具 1 横脊，其上有小颗粒；胫节端半部具刺突。

分　布　古北区、东洋区。

简　记　本属在中国记录 5 种。刘胜利（1981a）记录 3 种：始红

蝽 *Pyrrhocoris apterus*（Linnaeus，1758）、先地红蝽 *Pyrrhocoris sibiricus* Kuschakewitsch，1866、曲缘红蝽 *Pyrrhocoris sinuaticollis* Reuter，1885。Kerzhner（2001）古北区名录中记录中国分布的另外 2 种：*Pyrrhocoris fuscopunctatus* Stål，1858 分布在中国（西部）、蒙古和俄罗斯等，及 *Pyrrhocoris marginatus*（Kolenati，1845）分布于欧洲和亚洲（包括中国西北）。因手上没有标本和资料，文中仅描述始红蝽、先地红蝽和曲缘红蝽 3 种。先地红蝽与曲缘红蝽分布广，体色、大小和结构变化较大，不易区分，先地红蝽的胸部侧板的基节臼和胸部侧板后缘（尤其是后胸侧板后缘）红色或白色，而曲缘红蝽的胸部侧板一色黑褐色或黑色的，此外 2 个种的雄性生殖器抱器形状也是重要的鉴定特征（图 61G，H；图 63D，E）（Kanyukova，1988）。红蝽属的一些种类常在地面急行，喜栖息于土块碎石之下，有些种类群集为害锦葵科植物。

中国红蝽属 *Pyrrhocoris* Fallén，1814 检索表

1. 革片具前小后大 2 个黑圆斑；前胸背板胝部黑斑连成一体··································
·································· 始红蝽 *Pyrrhocoris apterus*（Linnaeus，1758）

-. 革片无明显黑色圆斑；前胸背板胝部黑斑明显分离 ··································2

2. 胸部基节臼周缘和后胸侧板后缘白色或红色；雄性生殖器和抱器如图 61 所示
·································· 先地红蝽 *Pyrrhocoris sibiricus* Kuschakewitsch，1866

-. 整个胸部腹面黑色；雄性生殖器和抱器如图 63 所示 ··································
·································· 曲缘红蝽 *Pyrrhocoris sinuaticollis* Reuter，1885

（35）始红蝽 *Pyrrhocoris apterus*（Linnaeus，1758）（图 58，图 59）

Cimex apterus Linnaeus，1758：447.

Pyrrhocoris apterus：Distant，1904：116；Kerzhner，2001：255.

体 色 体大部分红色或橘红色。头部、前胸背板前叶胝区及后叶

中部2斑、小盾片、前翅革区中央的前小后大2个圆斑、爪片、膜区大部分、触角、足、腹部背面（除侧接缘红色）、体腹面大部分（除基节臼、胸侧板后缘、前胸前缘、腹部侧缘和后缘红色）黑色（图58）。

结　构　体卵圆形。前胸背板胝隆起，光滑；胝周围，前胸背板后叶及爪片具粗刻点，小盾片及革片刻点较细密；前翅膜片通常甚缩短，长翅型，前翅亦不超过腹端；前足股节粗壮，其腹面内侧具刺（图58）。雄性生殖器（图58）：尾节圆，尾节后缘波曲状，中部凹入（图59A~C）；抱器短粗，端部二叉状，亚端部突起耳状且端部下弯曲，端部突起与先地红蝽相比略短细，指状，基部着生刚毛（图59D~F）；阳茎如图59G~I所示。

量　度　[♂（n=2）/♀（n=1），mm] 体长10.80~12.00/13.50；腹部最大宽度4.40~4.90/4.00；头长1.20~1.40/1.60；眼前区0.80~0.90/1.10；眼后区0.20~0.30/0.20；复眼间宽1.60~2.40/3.80；触角长I–IV=1.20~1.30/1.80，2.00~2.20/2.40，1.00~1.20/1.00，1.20~1.40/1.40；喙长I–IV=0.90~1.00/1.00，1.00~1.10/1.40，1.20~1.20/1.10，0.60~0.80/0.70；前胸背板前叶1.00~1.20/1.00；前胸背板后叶0.80~1.00/1.00；胸部最大宽度4.00~4.20/5.20；小盾片长1.20~1.40/2.20；前翅长5.40~6.00/7.40。

观察标本　1♂，2016–IV–26，1♂，1♀，2016–IV–17，Serbia，Belgrade，保存在CAU。

分　布　新疆（奎屯、巴里坤、吉木萨尔、阿勒泰）；塞尔维亚，广布于欧洲及亚洲中部。

（36）先地红蝽 *Pyrrhocoris sibiricus* Kuschakewitsch，1866（图60，图61）

Pyrrhocoris sibiricus Kuschakewitch，1866：98；Stehlík & Kerzhner，
　　1999：125；Kanyukova，1988：184.

Pyrrhocoris fieberi Kuschakewitsch，1866：97（syn. Josifov & Kerzhner，

1978：155）.

Pyrrhocoris maculicollis Walker，1872：171.

Pyrrhocoris tibialis Stål，1874：168（syn. Josifov & Kerzhner，1978：155）.

Dermatinus reticulatus Signoret，1881：46（syn. Stehlík & Kerzhner，1999：125）.

Scantius formosanus Bergroth，1914：356（syn. Stehlík & Kerzhner，1999：125）.

体　色　体色变化显著，灰褐色、土黄色、红褐色或红色。头黑色，中叶、头顶斑（如有）淡黄褐色或红褐色；前胸背板胝区、小盾片中部的2个斑点黑色；胸部腹板、侧板深褐色至黑色，但前胸腹板前缘、各足基节臼周缘和各胸侧板后缘（尤其是后胸侧板后缘）具有宽阔淡黄褐色至红色边缘，此特征是与曲缘红蝽区别的主要特征之一；腹部深褐色至黑色，腹部后缘和第7节后缘黄褐色或红褐色；各足褐色至黑色，基节端部、转节浅黄褐色，胫节和跗节浅褐色（图60）。

结　构　体窄椭圆形。喙第1节较短，不达前胸背板前缘。前胸背板侧缘中央稍凹入或近平直；头部背腹面、前胸背板（有时胝区光滑，无刻点）、小盾片、前翅革片和爪片具粗糙刻点，胸部侧板和腹板具有稀疏刻点，一般不显著。前翅膜片不超过腹端，翅脉网状（图60）。雄性生殖器（图61）：尾节圆，尾节突宽圆，向后延伸（图61A~C）；抱器端部二叉状，近中部突起耳状，略发生扭转，端部突起剑状，也向内扭转，端部圆（图61G，H），抱器结构特征是区分先地红蝽和曲缘红蝽的主要特征之一；阳茎如图61D~F所示。

量　度　[♂（n=11）/ ♀（n=5），mm] 体长 8.52~8.70/8.70~10.38；腹部最大宽度 3.48~3.18/3.66~4.02；头长 1.08~1.14/1.20~1.30；眼前区 0.48~0.50/0.66~0.72；复眼间宽 1.02~1.26/1.08~1.32；触角长

I–IV=1.08~1.20/1.14~1.20，1.26~1.32/1.26~1.44，0.78~0.80/0.78~0.84，
1.20~1.23/1.14~1.20；喙长I–IV=1.02~1.08/1.02~1.24，0.72~0.90/0.96~1.00，
0.85~0.96/1.20~1.02，0.63~0.66/0.63~0.66；前胸背板长1.68~1.80/1.80~1.98；
胸部最大宽度2.70~2.88/0.30~3.30；小盾片长1.08~1.26/1.20~1.32；前翅
长5.34~5.52/5.40~6.24。

观察标本 2♂，1♀，2013–X–6，贵州，安龙，烈士陵园，赵萍和
杨坤采集，保存在KU；2♀，2013–VIII–1，贵州，毕节，草海，赵萍
采集，保存在KU；8♂，2♀，2019–VII–9，云南，寻甸，赵萍和刘红
霞采集，保存在KU；1♂，2018–VIII–8–9，湖北，神农架，赵萍、黎东
海和王朝英采集，保存在KU。

分　布 辽宁（大连）、内蒙古、河北（兴隆）、北京、天津（蓟
州区、武清）、山东（泰安、烟台）、江苏（南京、苏州）、上海、浙江
（莫干山、松阳）、青海（西宁）、四川、西藏（芒康、昌都）、台湾、贵
州（毕节、安龙）、云南（寻甸）、湖北（神农架）；朝鲜、日本、韩国、
蒙古、西伯利亚东部。

（37）曲缘红蝽 *Pyrrhocoris sinuaticollis* Reuter，1885（图62，图63）

Pyrrhocoris sinuaticollis Reuter，1885：232；Kanyukova，1988：184.

Pyrrhocoris stehliki Kanyukova，1982：307（syn. Kanyukova，1988b：
　903；see also Kerzhner，1993：103）.

体　色 分布广，体色变化较大，灰褐色、暗褐色至黑色，常具蓝
色光泽，密被黑或黑褐色刻点。前胸背板胝区、胸部腹面和侧面、腹部
腹面、小盾片2个斑点（或全部）、复眼、膜区网状翅脉黑色；头黑色，
中叶有1黄褐色纵带，或无；各足淡黄褐色，股节中端部大部和基节黑
色；侧接缘黑色，各节后半部淡黄褐色；腹部后缘和第7节后缘淡色
（图62）。

结　构　体长椭圆形。前胸背板较梯形，横宽，侧缘近直；头部背腹面、前胸背板、胸部侧板和腹板、小盾片、前翅革片和爪片具浓密粗糙刻点；前胸背板前缘与头近等宽。前翅黄褐色，但是具有浓密黑色刻点，膜区翅脉网状（图62）。雄性生殖器（图63）：尾节圆，尾节后缘宽圆，中央略凹入（图63A~C）；抱器端部二叉状，中部向内弯曲，亚端部突起圆耳状（未发生扭转），端部突起与先地红蝽相比略短，端部角状，基半部着生有长刚毛（图63D，E）；阳茎如图63F~H所示。

量　度　[♂（n=1）/♀（n=1），mm] 体长7.80/9.00；腹部最大宽度3.00/3.00；头长1.38/1.32；眼前区0.54/0.54；复眼间宽0.96/1.26；触角长I–IV=0.96/0.96，1.08/1.08，0.66/0.72，1.70/1.08；喙长I–IV=0.72/0.84，0.78/0.78，0.54/0.60，0.63/0.66；前胸背板长1.62/1.68；胸部最大宽度2.52/2.82；小盾片长1.20/1.20；前翅长5.70/5.88。

观察标本　1♂，1♀，2018-VII-22-29，贵州，凯里，赵萍采集，保存在KU；2♂，1♀，2008-IX-19-21，贵州，凯里，郎德，潘娟和赵萍采集，保存在KU；1♀，2018-VIII-7，湖北，武当山，赵萍、王朝英和黎东海采集，保存在KU；1♀，2017-VI-24，广东，石门台，横石塘，赵嫽盛采集，保存在CAU；15♂，15♀，广西，南宁师范大学草坪（明秀校区），赵萍采集。

分　布　贵州（凯里）、广东（石门台）、广西（南宁）、湖北（武昌、神农架、武当山）、浙江（松阳）、北京、江苏；日本、韩国、西伯利亚东部。

2.10　直红蝽属 *Pyrrhopeplus* Stål，1870

Pyrrhopeplus Stål，1870：103，115. Type species by monotypy：*Pyrrhocoris carduelis* Stål，1863.

属　征　体椭圆形，常中等大小。复眼较小，复眼间宽约等于前胸背板前缘，无柄；喙伸达后足基节；触角第 1 节略长于第 2 节，第 3 节最短。前胸背板横向扩展，横宽，周缘稍向上翘折；前胸背板周缘和前叶中部胝区光滑；胝隆起，其前、后缘具粗刻点，其侧缘刻点稀少，后叶刻点。臭腺沟不明显；前足股节稍粗壮，其腹面近端部内侧具刺。

分　布　东洋区。

中国直红蝽属 *Pyrrhopeplus* Stål，1870 检索表

1. 前胸背板前缘红色；革片中央无黑圆斑；腹部腹面一色，其侧部有 4 黑斑……

　………………………… 素直红蝽 *Pyrrhopeplus impictus* Hsiao，1964

-. 前胸背板前缘具白色带纹；革片中央有 1 明显黑斑；腹部腹板各节后黄缘白

　色，其侧部无黑斑　………………………………………………………2

2. 前胸背板胝部、小盾片、前翅膜片及各足黑色………………………………

　…………………………… 直红蝽 *Pyrrhopeplus carduelis*（Stål，1863）

-. 前胸背板胝部前后缘、小盾片基部横带及各足胫节和跗节黑色；前翅膜片

　淡赭色　…………………… 斑直红蝽 *Pyrrhopeplus posthumus* Horváth，1892

（38）斑直红蝽 *Pyrrhopeplus posthumus* Horváth，1892（图 64，图 65）

Pyrrhopeplus carduelis var. *posthumus* Horváth，1892：135（upgraded by
　　Horváth，1909：631）.

Pyrrhopeplus pictus Distant，1902：41（syn. Horváth，1909：631）.

Pyrrhopeplus posthumus：Kerzhner，2001：257.

体　色　体橘红色，具有灰绿色光泽。头背面和侧面、喙基节、前胸背板侧缘和胝区、小盾片、革片前缘（或革片大部分红色，或者大部分草黄色）、各足基节和转节及股节、腹部侧接缘及腹部各节亚基缘（或无）红色；触角（除第 1 节基部红色）、小盾片基部横斑、前翅革片中央圆斑、胸部腹板、胸部侧板骨片接合缝、腹部腹板节间缝、各足胫

节（有时基部红色）及跗节棕黑色至黑色；前胸背板前缘背和腹面、前胸腹板前缘、胸部侧板（除骨片接合缝）、腹部腹板（除节间缝处黑色和红色横斑）浅白色；前胸背板后叶中部（或后缘，或大部分）、爪片中部（或全部）、革片（内侧或全部）黄色或草黄色；前翅膜片灰黄色，半透明；头部腹面橘黄色或橘红色，中央黑色（图64）。

结　构　体椭圆形。头和前胸背板较横宽。前胸背板（除前叶脈区光滑）、小盾片及革片具黑刻点（图64）。雄性生殖器（图65）：尾节宽圆（图65A~C）；抱器端部二分叉，中部略弯，基半部着生有长刚毛（图65D~F）；阳茎如图65G~I所示。

量　度　[♂（n=39）/♀（n=40），mm] 体长11.50~12.00/14.00~15.00；腹部最大宽度4.00~4.22/5.62~5.74；头长1.42~1.50/1.68~1.74；眼前区1.08~1.14/1.28~1.36；眼后区0.40~0.44/0.46~0.48；复眼间宽1.88~2.00/2.16~2.24；触角长I–IV=2.00~2.02/2.20~2.24，1.86~1.96/1.98~2.00，1.00~1.04/1.36~1.46，2.00~2.12/2.20~2.28；喙长I–IV=1.50~1.54/1.78~1.76，1.20~1.42/1.58~1.60，1.48~1.52/1.30~1.40，1.00~1.40/0.80~0.88；前胸背板前叶0.46~0.52/0.98~1.00；前胸背板后叶1.24~1.44/1.64~1.68；胸部最大宽度3.52~3.62/4.00~4.24；小盾片长1.24~1.26/1.40~1.48；前翅长9.00~10.00/11.50。

观察标本　26♂，26♀，2013-X-6，贵州，安龙，烈士墓，赵萍和杨坤采集，保存在KU；12♂，14♀，广西，百色，隆林，金钟山乡，2020-VII-3，赵萍采集，保存在NNU；1♂，广西，百色，那坡，百省乡，2020-V-26，赵萍采集，保存在NNU。

分　布　贵州（安龙）、广西（那坡、隆林）、云南（昆明、邓川、思茅、金平、景东、大理、西双版纳：小勐养、勐海、勐板、新曼窝、勐混坝、勐龙、勐往、勐遮、勐阿）、西藏（芒康）；缅甸、孟加拉国、印度、越南。

简　记　与其他分布地点比较，贵州安龙的标本个体较大，体型较宽，体色较淡，前翅、小盾片和前胸背板后叶草黄色，前胸背板侧缘和头部背面橘红色，但生殖器形态差异较小；分布在广西那坡百省乡的标本体较小，体型略窄，体色偏红，尤其是腹部腹板节间缝黑色和基缘红色，与Distant描述的*Pyrrhopeplus pictus* Distant，1902较接近，但还需要通过分子生物学方法进一步验证。广西百色隆林金钟山的斑直红蝽形态特征与刘胜利（1981a）在《中国蝽类昆虫鉴定手册》的描述比较一致，寄主植物为锦葵科梵天花属地桃花*Urena lobata*，而且数量较多，在当地分布较为广泛。地理种群间表现出体型大小和体色的差异，有必要对该种的种群间的遗传距离和亲缘关系进行进一步研究。

寄　主　地桃花、栎。

（39）素直红蝽*Pyrrhopeplus impictus* Hsiao，1964（图66A，B）

Pyrrhopeplus impictus Hsiao，1964：404，406.

体　色　体深红色；触角（除基部红色）、喙、复眼、前胸背板胝区前、后缘刻点刻痕、小盾片基部横斑、各足胫节端部和跗节、胸侧板节间缝、腹部腹板的节间缝、腹部腹面第2~3节中央4个圆斑、腹板第4~7节两侧4个圆斑，棕黑色至黑色；前翅膜片淡棕色，半透明，近内角有1黑斑；前胸腹板前缘及各胸侧板后缘、基节白桃红色（图66A，B）。

结　构　体近长方形。体背面被刻点，体腹面光滑。头三角形，中叶突出，末端圆钝；喙伸达后足基节。前胸背板胝区隆起且光滑；前胸背板侧缘光滑并明显向上翘折，在其中央后方稍向内凹入，后缘光滑；前胸背板后叶和领细刻点，小盾片基部刻点粗，中部大部刻点细小，前翅爪片和革片刻点较密；雄虫生殖节后缘呈舌状向后延伸（图66A，B）。

模式标本　正模，♂，云南，景东，董家坟，1250m，1956-V-30，

B.波波夫采集，保存在IOZ，IOZ（E）220474；配模，♀，云南，景东，1200m，1957-V-15，A.孟恰茨基采集，保存在IOZ，IOZ（E）220475；副模，2♂，2♀，云南，景东，金平，墨江，保存在IOZ。

量　度 [♂（n=1）/♀（n=1），mm] 体长10.55/11.05；腹部最大宽度4.10/4.75；头长1.70/1.50；头宽1.85/2.00；复眼间宽1.15/1.25；触角长I–IV=1.75/1.80，1.55/1.60，1.15/1.30，1.90/2.00；喙长I–IV=1.00/1.00，1.10/1.10，1.10/1.10，1.05/1.05；前胸背板长2.20/2.35；胸部最大宽度3.75/4.00；小盾片长1.35/1.35；前翅长7.95/8.25。

分　布 云南（景东、金平、墨江）。

（40）直红蝽 *Pyrrhopeplus carduelis*（Stål，1863）（图66C，D）

Pyrrhocoris carduelis Stål，1863：404.

Pyrrhopeplus carduelis：Kerzhner，2001：257.

体　色 体朱红色。头中叶前端、触角、喙、头腹面中央和其背面基部、前胸背板胝部、小盾片大部（除端部红色）、革片中央椭圆形斑、前翅膜片、胸腹面、胸部侧板（除基节臼和后缘）、足及各腹节腹板基半部黑色；前胸背板前缘和前胸腹板前缘、各胸侧板后缘和基节臼、及各腹节腹板后半部常黄白色（图66C，D）。

结　构 体椭圆形，中部较宽。头顶较低平。前胸背板（除前叶胝区光滑）、爪片、革片（除前缘光滑外）具粗刻点，小盾片中部具有稀少细刻点（图66C，D）。

量　度 [♀（n=3），mm] 体长13.23；腹部最大宽度5.58；头长2.00；眼前区1.00；眼后区0.14；复眼间宽1.57；触角长I–IV=2.07，1.79，1.29，2.15；喙长I–IV=1.00，1.00，1.07，0.86；前胸背板前叶1.00；前胸背板后叶1.29；胸部最大宽度5.51；小盾片长1.29；前翅长8.58。

观察标本 2♀，2007-VII-06，贵州，黎平，赵萍和杨胜成采集，保存在 KU；1 ♀，2011–Ⅶ–25，浙江，天目山，保存在 CAU。

分　布　贵州（黎平）、河南（鸡公山）、湖南（南岳）、安徽（黄山、祁门）、江苏（南京）、浙江（天目山、莫干山、松阳）、江西（庐山、修水、安源）、福建（福州、邵武、崇安）、云南（保山、芒宽）、广东（连州、东南沿海岛屿）、台湾、香港；越南。

寄　主　茶、苎麻、木荷。

2.11　硕红蝽属 *Probergrothius* Kirkaldy，1904

Odontopus Laporte，1833：37（junior homonym of *Odontopus* Say，1831，
　　in Coleoptera）.

Probergrothius Kirkaldy，1904：280；Kerzhner，2001：254. New name for
　　Odontopus Laporte，1833.

分　布　非洲区、古北区、东洋区。

简　记　刘胜利（1987）在《云南森林昆虫》的红蝽科检索表中列出了分布于云南耿马的长腹硕红蝽 *Probergrothius longiventris*（Liu，1987）（= *Odontopus longiventris* Liu，1987）（检索表：甚大型，通常大于 15mm；体被密绒毛，几乎无刻点，腹部延伸，明显超过前翅膜片后端），但是没有文字描述该种的形态特征和模式标本信息，也没有特征图说明。Kerzhner（2001）在古北区名录中记载：该种的模式标本保存在中国科学院动物研究所（IOZ），但是我们并没有在中国科学院动物研究所查找到该种模式标本，故本书没有记述。

由于硕红蝽属的属名 *Odontopus* 已经被鞘翅目的一个属占用，所以 Kirkaldy（1904）为该属提出新属名 *Probergrothius* Kirkaldy，1904，Stehlík 和 Kerzhner（2001）支持提出这个新名。但是，该属包含种类较多，Robertson（2004）在非洲区的区系研究中，仍然使用 *Odontopus* 作为属名。我们在此处，根据 Kerzhner（2001），使用了新属名。

参考文献

Amarjit K，Sabita R S，怀勉 . 防治棉红蝽有效的昆虫生长调节剂 25–氮杂胆甾烯基甲基醚 [J]. 世界农药，1989，（4）：23–23.

Raju M，乐海洋 . 铁刀木花 *Cassia siamea* 的石油醚提取物是有效的昆虫生长调节剂 [J]. 国外农学：植物保护，1993，6（3）：10–11.

Rao R，刘治俊 . 拟除虫菊酯类似物对棉红蝽卵巢发育的抑制作用 [J]. 世界农药，1988（1）：49+62.

曹凯丽，王芳艳，胡敏，等 . 驯化对始红蝽 *Pyrrhocoris apterus* 耐寒能力的影响及越冬适应策略 [J]. 生态学报，2018，38（05）：1826–1831.

陈汉林，徐真旺，汤友谊，等 . 浙江省丽水地区林区半翅目昆虫种类及寄主 [J]. 江西农业大学学报，1995，1（2）：2010.

陈佩珍，顾茂彬 . 我国桉树害虫种类调查 [J]. 林业科学研究，2000，13（1）：53.

戴轩 . 贵州茶树害虫种类及地理分布的研究 [J]. 贵州茶叶，2010，38（2）：25.

高翠青 . 长蝽总科十个科中国种类修订及形态学和系统发育研究（半翅目：异翅亚目）[D]. 天津：南开大学，2010.

何建群，张润，王凌燕，等 . 葡萄害虫种类和发生为害特点调查 [J]. 植物医生，2016，29（01）：59–61.

黄雅志 . 云南芒果害虫 [J]. 云南热作科技，1992，15（2）：12.

乐大春，蔡经甫，杨曼妙 . 台湾蝽象志：星蝽总科 [J]. 中国台中市：国立中兴大学，2009：47.

李红梅，邓日强，王珣章 . 基于 18S rDNA 序列的蝽次目（半翅目：异翅亚目）系统发育关系 [J]. 动物学研究，2006，27（3）：307–316.

李红梅.蜡次目昆虫的分类与系统发育研究进展 [J].仲恺农业技术学院学报,2006（04）：62-67.

李敏.基于核糖体、Hox 和线粒体基因对蜡次目系统发育关系的重新分析（半翅目：异翅亚目）[J].昆虫分类学报,2016,（38）：91.

李巧,陈又清,陈彦林.紫胶林—农田复合生态系统蝽类昆虫群落多样性 [J].云南大学学报（自然科学版）,2009,31（2）：208-216.

刘晨,黄攀攀,李敏,等.牛心朴子提取物对地红蝽毒杀活性的研究 [J].天津师范大学学报（自然科学版）,2013,（04）：58-61.

刘若思,骆卫峰,赵晓丽,张丽杰.北京口岸全国首次检出横带棉红蝽 [J].植物检疫,2017,31（04）：6.

刘胜利.红蝽科 [C]// 黄复生.云南森林昆虫.昆明：云南科技出版社,1995：189-193.

刘胜利.红蝽总科 Pyrrhocoridae[C]// 萧采瑜等.中国蝽类昆虫鉴定手册（半翅目异翅亚目第一册）.北京：科学出版社,1981a：222-235.

刘胜利.红蝽科.西藏昆虫（第一册）[M].科学出版社,1981b.

刘胜利等.半翅目（二）[C]// 章士美等.中国经济昆虫志（第五十册）.北京：科学出版社,1995：111-115.

门宇,Petr K,Frantisek S,叶飞,王艳会,谢强.巨红蝽和 *Myrmoplasta mira* 的线粒体基因组及红蝽总科线粒体基因特有的重排（半翅目：异翅亚目：蝽次目）[J].昆虫分类学报,2019,41（02）：96-113.

钱雪,王冬梅,李爽,等.始红蝽呼吸代谢的季节变化及对温度的适应性 [J].生态学报,2016,36（20）：6602-6606.

史胜利,徐正会.云南松害虫分类研究 [J].西南林学院学报,2006,26（1）：35-43.

司徒英贤,郑毓达.西双版纳地区经济作物常见蝽类昆虫调查 [J].云南热作科技,1983,（04）：29-41.

宋树恢.铁刀木花素可控制棉红蝽.世界农业,1990,（11）：45.

苏延乐,吕昭智,宋菁,等.始红蝽越冬聚集行为对其能量代谢的影响 [J].昆虫学报,2007,50（12）：1300-1303.

谭济才, 张觉晚, 肖能文, 等. 湖南省茶树害虫名录 [J]. 湖南农业大学学报, 2003, 29 (4): 299.

萧采瑜. 云南生物考察报告 (半翅目: 红蝽科及大红蝽科) [J]. 昆虫学报, 1964, (03): 401-406.

杨舒婷, 王华新, 龙定建. 南宁朱槿害虫种类及其为害调查 [J]. 中国植保导刊, 2011, 31 (5): 37.

郑乐怡, 归鸿. 昆虫分类 (上) [M]. 南京: 南京师范大学出版社, 1999.

章士美, 胡梅操. 中国半翅目昆虫生物学 [M]. 南昌: 江西高校出版社, 1993: 260.

Ahmad I & Abbas N. A revision of the family Largidae (Herniptera: Pyrrhocoroidea) with description of a new genus from Indo-Pakistan subcontinent and its relationships[J]. Türkiye Emamoloji Dergisi, 1987, 11: 131-142.

Ahmad I & Abbas N. *Pyrrhocoris* group (Hemiptera: Pyrrhocoridae: Pyrrhocorinae) with description of a new genus and a new species from indo-Pakistan subcontinent and their relationships[J]. Turkiye Bitki Koruma Dergisi, 1986, 10: 67-87.

Ahmad I & Qadri S S. A new species of *Dysdercus* Guérin-Méneville (Hemiptera: Pyrrhocoridae) from Bhutan with special reference to its genitalia and its relationships [J]. Pakistan Journal of Zoology, 2007, 39 (6): 375-378.

Ahmad I & Schaefer C W. Food plants and feeding biology of the Pyrrhocoroidea (Hemiptera) [J]. Phytofaga, 1987, 1: 75-92.

Ahmad I & Zaidi R H. A new genus and a new species of Pyrrhocoridae (Hemiptera: Pyrrhocoroidea) from Bhutan and their relationship[J]. Mitteilungen der Schweizerischen Entomologischen Geselschaft, 1986, 59: 423-426.

Ambrose D P & Claver M A. Suppression of cotton leafworm *Spodoptera litura*, flower beetle *Mylabris pustulata* and red cotton bug *Dysdercus cingulatus* by *Rhynocoris marginatus* (Fabr.) (Heteroptera, Reduviidae) in cotton field cages[J]. Journal of Applied Entomology, 1999, 123 (4).

Amyot C J B & Serville J G A. Histoire Natrelle des Insectes Hémiptères [M]. Paris: Libraire Encyclopedique de Roret, 1843: ixxvi+675+6, 12pls.

Anita S & Pankaj T. Checking the destruction of *Dysdercus cingulatus* Fabr.[J]. Trends in Biosciences, 2015, 8 (22).

Bergroth E. Erstes Verzeichniss von Dr. A. Voeltzkow in Madagaskar gesammelter Hemiptera Heteroptera[J]. Entomologische Mitteilungen, 1894b, 20: 356–359.

Bergroth E. Hemiptera from British East Africa collected by Prof. E. Lönnberg[J]. Arkiv för Zoologi, 1920, 12 (17): 1–30.

Bergroth E. Hemiptera Heteroptera from New Zealand[J]. Transactions of the New Zealand Institute, 1926, 57: 671–684.

Bergroth E. Rhynchota aethiopica V[J]. Annales de la Société Entomologique de Belgique, 1906, 50: 196–203.

Bergroth E. Rhynchota orientalia[J]. Revue d'Entomologie, 1894a, 13: 152–164.

Bergroth E. Über einige afrikanische Pyrrhocoriden[J]. Wiener Entomologische Zeitung, 1912, 31: 313–317.

Bergroth E. Suplementum Catalogi Heteropterorum Bruxelensis. II Coreidae, Pyrrhocoridae, Colobathristidae, Neididae [J]. Mémoires de la Société Entomologique de Belgique, 1913, 22: 126–183.

Bergroth E. H. Sauter's Formosa-Ausbeute: Hemiptera Heteroptera I. Aradidae, Pyrrhocoridae, Myodochidae, Tingidae, Reduviidae. Ochteridae [J]. Entomologischhe Mitteilungen, 1914, 3: 355–354.

Blöte H C. Catalogue of the Pyrrhocoridae in's Rijks Museum van Natuurlijke Historie[J]. Zoölogische Mededeelingen, Leiden, 1931, 14: 97–136.

Blöte H C. New Pyrrhocoridae in the collection of the British Museum (Natural History) [J]. Annals and Magazine Of Natural History, 1933, 11: 588–602.

Blöte H C. Two new species of Pyrrhocoridae in's Rijks Museum van Natuurlijke Historie[J]. Zoölogische Mededeelingen, Leiden, 1932, 14: 263–244.

Brailovsky H, Barrera E. A remarkable new genus and species of Largidae from Peru (Hemiptera, Heteroptera) [J]. Proceedings of the Entomological Society of Washington, 1994, 96 (4): 696–700.

Brailovsky H, Barrera E. El Género Astemma con descripción de especies nuevas (Hemiptera, Heteroptera, Largidae) [J]. Anales Inst. Biol. Univ. Nac. Autón. México. Ser. Zool., 1993, 64 (1): 39–47.

Brailovsky H, Barrera E. New Species of American Larginae (Heteroptera: Largidae) and Keys to Known Species of *Largulus* and *Theraneis*[J]. Florida Entomologist, 2008, 91 (2): 256–265.

Brailovsky H, Mayorga C. An analysis of the genus *Stenomacra* Stål with description of four new species, and some taxonomic rearrangements (Hemiptera: Heteroptera; Largidae) [J]. The New York Entomological Society, 1997, 105 (1–2): 1–14.

Breddin G. Die Hemipteren von Celebes. Ein Beitrag zur Faunistik der Insel[J]. Abhandlungen der Naturforschenden, Gesellschaft zu Halle, 1901, 24: 1–198.

Breddin G. Hemiptera, gesammelt von Prob Kükenthal im Malayischen Archipel[J]. Abhandlungen der Senckenbergischen Naturforschenden Gesellschaft, 1900, 25: 139–202.

Breddin G. Rhynchoten von Ceylon gesammelt von Dr. Walter Horn[J]. Annales de la Societe Entomologique de Belgique, 1909, 53: 250–309.

Burmeister H. Beiträge zur Zoologie, gesammelt auf einer Reise um die Erde von Dr. F. J. F. Meyer. 6. Insecten Rhyngota seu Hemiptera[J]. Nova Acta Physico-Medica Academiae Caesareae Leopoldio-Carolinae Germaniae Naturae Curiosorum 16, 1834, suppl.: 285–308.

BurmeisteR H. Handbuch der Entomologie. Band 2, Schnabelkerfe, Rhynchota, Abt. I. Hemiptera[M]. Berlin: Enslin, 1835: i–xii, 400.

Carlos R, Brailovsky H. Revisión del género *Largus* (Hemiptera: Heteroptera: Largidae) para méxico[J].Revista Mexicana De Biodiversidad, 2016, 87, 347–375.

Carmen C M D. A catalogue of the Heteroptera（Hemiptera）or true bugs of Argentina[J]. Zootaxa，2017，4295（1）：1–432.

Cassis G，Gross F. Hemiptera：Heteroptera（Pentatomomorpha）[M]// Houston WWK & Wells A. Zoological Catalogue of Australia，Volume 27.3B. Melbourne：CSIRO Publishing，2002：737.

China W E. Notes on the nomenclatura of the Pyrrhocoridae（Hemiptera-Heteroptera）[J]. Entomologist's Monthly Magazine，1954，90：188–189.

Coscarón M C，Dellapé P M. A New species of *Astemma* from Argentina （Heteroptera：Largidae：Larginae）[J]. Transactions of the American Entomological Society，2006，132（1）：99–102.

Dellapé M P，Melo M C. Pyrrhocoroidea[M] // Sergio R J，Luci C & Juan J M. Biodiversidad de Artropodos Argentinos vol. 3. Argentina：INSUE UNT，2014：439–448.

Dellape P M，Melo M C. *Thaumastaneis nigricans*，a new species of a remarkable ant-mimetic Larginae（Hemiptera：Largidae）and the discovery of an ant-mimetic complex[J]. Zootaxa，2007，712（1475）：21–26.

Distant W L. An enumeration of the Rhynchota received from Baron von Müller，and collected by Mr. Sayer in New Guinea during Mr. Cuthbertson's Expedition[J]. Transactions of the Entomological Society of London，1888：475–489.

Distant W L. Contributions to a knowledge of the rhynchotal fauna of Sumatra[J]. Entomologist's Monthly Magazine，1882，19：156–160.

Distant W L. First Report on the Rhynchota collected in Japan by Mr. George Lewis[J]. Transactions of the Royal Entomological Society of London，1883：413–443.

Distant W L. Report on the Rhynchota collected by the Wollaston Expedition in Dutch New Guinea[J]. Transaction of the Zoological Society of London，1914，20：335–362.

Distant W L. Report on the Rhynchota，Part I Heteroptera[M]//Annandale N & Robinson H C. Fasciculi Malayenses，Zoology Part 2. London：Longmans，

Green & Co., for University Press of Liverpool, 1903: 219–272.

Distant W L. Rhynchotal notes. XII. Heteroptera. Fam. Pyrrhocoridae[J]. Annals and Magazine of Natural History, 1902, (7) 9: 34–45.

Distant W L. Some new species of the homopterous family Pyrrhocoridae[J]. The Annals and Magazine of Natural History (9 series), 1919, 3: 218–222.

Distant W L. The fauna of British India, including Ceylon and Burma. Rhyn. 2[M]. London: Taylor and Francis, 1903/1904: i–xvii+503 (1903: 1–242, 1904, i–xvii: 243–503).

Distant W L. The fauna of British India, including Ceylon and Burma. Rhynchota. Vol. 4 (2) [M]. London, Taylor & Francis, 1908, xi–xv: 265–501.

Doesburg P H Van. A revision of the New World species of *Dysdercus* Guérin-Méneville (Heteroptera, Pyrrhocoridae) [J]. Zoologische Verhandelingen, Leiden, 1968, 97: 1–215.

Doesburg P H Van. Heteroptera of Suriname I, Largidae and Pyrrhocoridae [J]. Studies of the Fauna of Suriname and other Guyanas, 1966, 9: 1–60.

duzee E P Van. Checklist of the Hemiptera (excepting Aphididae, Aleurodidae and Coccidae) of America, north of Mexico [J]. NewYork Entomological Society, 1916: 111.

Fabricius J C. Entomologia systemtica emendata et aucta, secundum classes, ordines, genera, species adjectis synonymis, locis, observationibus, descriptionibus 4[M]. Proft: Hafniae, 1794: i–v, 472.

Fabricius J C. Mantissa insectorum sistens eorum species nuper detectas adjectis characteribus genericis, differentiis specificis, emendationibus, observationibus 2[M]. Proft: Hafniae, 1787: 382.

Fabricius J C. Systema entomologiae, sistens insectorum classes, ordines, genera, species, adjectis synonymis, locis, descriptionibus, et observationibus [M]. Flensburgi et Lipsiae: Officina Libraria Kortii, 1775: i–xxx. 832.

Fallén C F. Specimen novam Hemiptern disponendi methodum exhibens[J].

Publicae disquistioni subjicit maggnus Rodhe Lundae, Litteris Berlingianus, 1814: 1–26.

Farine J P, Bonnard O, Brossut R et al. Chemistry of defensive secretions in nymphs and adults of fire bug, *Pyrrhocoris apterus* L. (Heteroptera, Pyrrhocoridae) [J]. Journal of chemical ecology, 1992, 18 (10): 1673.

Felsenstein J. Confidence limits on phylogenies: an approach using the bootstrap. Evolution, 1985, 39: 783–791.

Freeman P. A revision of the genus *Dysdercus* Boisduval (Hemiptera, Pyrrhocoridae), excluding the American species[J]. Transactions of the Royal Entomological Society of London, 1947, 98: 373–424.

Froeschner R C. Heteroptera or True Bugs of Ecuador: A Partial Catalog[J]. Smithsonian Contributions to Zoology, 1981, 322: I–V, 1–147.

Froeschner R C. True bugs (Heteroptera) of Panama: A synoptic catalog as a contribution to the study of Panamanian biodiversity[J]. Memoirs of American Entomological Institute, 1999, 61: 1–393.

Gordon E R L, Mcfrederick Q, Weirauch C. Phylogenetic evidence for ancient and persistent environmental symbiont reacquisition in Largidae (Hemiptera: Heteroptera) [J]. Applied and Environmental Microbiology, 2016, 82 (24): 7123–7133.

Gray G. Notices of new genera and species. In: E. Griffith & E. Pidgeon, eds, The class Insecta arranged by the Baron Cuvier, with supplementary additions to each order 2 [16 vols] [Volume 15 of Griffih, E., The animal kingdom arranged in conformity with its organization by the Baron Cuvier, with additional description of all the species hitherto named, and of mamy not before noticed][M]. London: Whittaker, 1832: 796.

Guérin-Méneville F E. 1857. Ordre des Hémiptères, Latr. Premiere section. Hétéroptères, Lart. In M. R. Sagra's Historie Physique, Politique et Naturelle de l'lle de Cuba. Arthus Bertrand, Paris. 7: 359–424.

Guérin-Méneville F E. Crusaces arachnides et insects [M]//Duperrey L I. Voyage autour du monde executé par ordre du roi, sur la corvette de Sa Majesté "La

Coquille", pengdan les années 1822–1825. Zoologie, 1831–1838. 2 (2): 1–319. Pris: Berland.

Guérin-Méneville F E. Iconographie du Regne animal de G. Cuvier, ou représentation d'aprés nature de l'une des espèces les plus remarquables et souvent non encore figurées, de chaque genre d'animaux. Insectes [M]. Baillière, Pairs 1835–1844: 1–576. [1835: plate 56; 1844: text.

Hebert P D N, Ratnasingham S & De Waard J R. Barcoding animal life: cytochrome c oxidase subunit 1 divergences among closely related species. Proceedings of the Royal Society B, Biological Sciences, 2003, 270, S96–S99.

Hemala V, Kment P & Malenovský I. Morphology and phylogeny of the true bug superfamily Pyrrhocoroidea (Heteroptera: Pentatomomorpha), a preliminary report: 7 th European Hemiptera Congress, July 19th–24th 2015[C]. Austria: Graz.

Hemala V, Kment P & Malenovský I. The comparative morphology of adult pregenital abdominal ventrites and trichobothria in Pyrrhocoroidea (Hemiptera: Heteroptera: Pentatomomorpha) [J]. Zoologischer Anzeiger, 2020, 284: 88–117.

Henry T J. Biodiversity of Heteroptera[M]//Foottit RG & Adler PH. P. Insect Biodiversity, Science and Society. New Jersey: Blackwell Publishing, 2009: 223–263.

Henry T J. Family Largidae Amyot and Serville, 1843, the largid bugs. & Family Pyrrhocoridae Fieber, 1860, the Cotton Stainers[M]//Henry T J, Froeschner R C. Catalog of the Heteroptera, or true bugs, of Canada and the Continental United States. Boca Raton: Taylor & Francis group, CRC Press, 1988: 159–165, 613–615.

Henry T J. Phylogenetic analysis of family groups within the infraorder Pentatomomorpha (Hemiptera: Heteroptera), with emphasis on the Lygaeoidea[J]. Annals of the Entomological Society of America, 1997, 90 (3): 275–301.

Herrich-Schäffer G A W. Die wanzenartigen Insecten getreu nach der Natur

beschrieben und abgebildet 3（1836）：33bis，34bis，35–114；4
（1837）：1–32：（1838）：33–92；（1839）；93–108；5（1840）：
61–108：6（1840）：1–36：（1841）：37–72；7（1843）：17–40；8
（1847）：101–130；9（1850）：45–256；（1851）：257–348；（1853，
Historische Uebersicht der einschlägigen Literatur）：1–31；（1853，Index
alphabetico-synonymicus）：1–210[M]. Nürnberg：Zeh（vol. 3–7）and
Lotzbeck（vol. 8–9），1836–1853.

Horváth G. Adnotationes synonymicac de Hemipteris nonnullis extraeuropaeis[J].
Annales Historico-Naturales Musei Nationalis Hungarici，1909，7：631–
632.

Horváth G. Hémeptères recueillis au Japon par M. Gripenberg[J]. Annales de la
Société Entomologique de Belgique，1879，22：cvii–cx.

Horváth G. Hemiptern nonnula nova asiaiica[J]. Természetrajzi Füzetek，1892，
15：134–137.

Hua J，Li M，Dong P，et al. Comparative and phylogenomic studies on the
mitochondrial genomes of Pentatomomorpha（Insecta：Hemiptera：
Heteroptera）[J]. BMC Genomics，2008，9（610），1–12.

Hussey R F. General Catalogue of the Hemiptera，fascicle. III，
Pyrrhocoridae[M]. Northampton：Smith college，1929：144.

Johnson K P，Dietrich C H，Friedrich F，et al. Phylogenomics and the
evolution of hemipteroid insects[J]. Proc. Natl. Acad. Sci. 2018，115，
12775–12780.

Kanyukova E V. New and little known species of Heteroptera from the Far
East[J]. Entomologicheskoe Obozrenie 1982，61：303–308.

Kanyukova E V. Family Pyrrhocoridae [M] // Lehr P A. Keys to the insects
of the Far East of the USSR in six Volumes，Volume II，Homoptera and
Heteroptera. Leningrad：Nauka Publishing House，1988：183–184.

Kerzhner I M. Largidae and Pyrrhocoridae[M]//Aukema B & Rieger C. Catalogue
of the Heteroptera of the Palearctic Region. Vol. 4. Pentatomomorpha I.
Amsterdam：The Netherlands Entomological Society，2001：245–247

[Largidae], 248–258 [Pyrrhocoridae].

Kirby W F. 1891. Catalogue of the described Hemiptera Heteroptera and Homoptera of Ceylon, based on the collection formed (chiefly at Pundrlluoya) by Mr. E. Ernest Green[J]. Journal of the Linnean Society of London, 24: 72–176.

Kirkaldy G W & Edwards S. Anmerkungen ueber bemerkenswerte Pyrrhocorinen. (Rhynchota) [J]. Wiener Entomologische Zeitung, 1902, xxi: 161–173.

Kirkaldy G W. Bibliographical and Nomenclatorial Notes on the Hemiptera. No. 3[J]. The Entomologist, 1904, 37: 279–283.

Kirkaldy G W. Memoir on the Rhynchota collected by Dr Arthur Willey. F.R.S., chiefly in Birara (New Britain) and Lifu[J]. Transactions of the Royal Entomological Society, 1905: 327–363.

Kohno K, Takahashi K, Sakakibara M. New prey-predator association in aposematic pyrrhocorid bugs: *Antilochus coqueberti* as a specialist predator on *Dysdercus* species[J]. Entomological Science, 2002, 5 (4): 391–397.

Kohno K. Development and reproduction of *Antilochus coqueberti* (Heteroptera: Pyrrhocordae), the specific predator of *Dysdercus* spp. (Heteroptera: Pyrrhocoridae) [J]. Applied Entomology and Zoology, 2003, 38 (1): 103–108.

Koichiro T, Glen S, Daniel P, et al. MEGA6: Molecular Evolutionary Genetics Analysis version 6.0[J]. Molecular Biology and Evolution, 2013, 30: 2725–2729.

Konstantin V, Andrea B, Aleš T, et al. Role of adipokinetic hormone in stimulation of salivary gland activities: The fire bug *Pyrrhocoris apterus* L. (Heteroptera) as a model species[J]. Journal of Insect Physiology, 2014: 60.

Kumar D, Ray A, Ramamurty P S. Histophysiology of the salivary glands of the red cotton bug, *Dysdercus koenigii* (Pyrrhocoridae: Heteroptera) histological, histochemical, autoradiographic and electronmicroscopic studies [J]. Zeitschrift f ü r mikroskopisch anatomische Forschung, 1978, 92: 147–170.

Kumar R. Aspects of the morphology and relationships of the supcrfamilies Lygaeoidea, Piesmatoidea and Pyrrhocoroidea (Hemiptera: Heteroptera) [J]. Entomologist's Monthly Magazine, 1968, 103: 251–261.

Kuschakewitsch A A. Several new species of bugs (Hemiptera) [J]. Horae Societatis Entomologicae Rossicae, 1866, 4: 97–101.

Laporte F L de. Essai d'une classification systématique de l'ordre des Hémiptères (Hétéroptères Latr.) [J]. Magasin de Zoologie, 1832–1833, 2 (suppl.): 1–88. [1832: 1–16, 1833: 17–88].

Lepeletier A C M & Serville J G A. Encyclopédie Méthodique[M]//Olivier G A. Les insectes. Paris: Agasse 1825, 10: 344.

Li M, Tian Y, Zhao Y, Bu W. Higher level phylogeny and the first divergence time estimation of Heteroptera (Insecta: Hemiptera) based on multiple genes[J]. PLos One, 2012, 7 (2), e32152.

Li M, Wang Y, Xie Q, et al. Reanalysis of thephylogenetic relationships of the Pentatomomorpha (Hemiptera: Heteroptera) based on ribosomal, Hox and mitochondrial genes[J]. Entomotaxonomia, 2016, 38, 81–91.

Liu Y, Li H, Song F, et al. Higher-level phylogeny and evolutionary history of Pentatomomorpha (Hemiptera: Heteroptera) inferred from mitochondrial genome sequences[J]. Syst. Entomol., 2019, 44, 810–819.

Liu Y, Song F, Jiang P, et al. Compositional heterogeneity in true bug mitochondrial phylogenomics[J]. Mol. Phylogenetics Evol. 2018, 118, 135–144.

Melo M C, Dellapé P M. Biodiversity of the neotropical Larginae (Hemiptera: Pyrrhocoroidea: Largidae): description of a new genus and new species[J]. Anais da Academia Brasileira de Ciências, 2019, 91 (4).

Melo M C, Dellapé P M. Catalogue of the Pyrrhocoroidea (Heteroptera) of Argentina[J]. Revista De La Sociedad Entomologica Argentina, 2013, 72

（1-2）：55-74.

Mohan K G，muraleedharan D. Modulatory influence of juvenile hormone analogue（JHa）and 20-hydroxyecdysone on lipophorin synthesis in red cotton bug，*Dysdercus cingulatus* Fabr[J]. Indian journal of experimental biology，2005，43（12）：1176-1181.

Muhammad E，Abdul R，Muhammad K，et al. Disease forecasting model for newly emerging bacterial seed and boll rot of cotton disease and its vector（*Dysdercus cingulatus*）[J]. Archives of Phytopathology and Plant Protection，2017，50（17-18）：885-899.

Rabia S，Naeem A，Zahid M. *Emamectin benzoate* resistance risk assessment in *Dysdercus koenigii*：Cross-resistance and inheritance patterns[J]. Crop Protection，2020，130：105069.

Rédei D，Gao C，Bu W. First record of *Delacampius* Distant，1903 from China（Heteroptera：Largidae）[J]. Entomologische Zeitschrift1，2012，22（3）：125-127.

Rédei D，Tsai J F，Yang M M. Heteropteran Fauna of Taiwan：Cotton Stainers and Relatives（Hemiptera：Heteroptera：Pyrrhocoridea）[M]. Taiwan：National Chung Hsing University，2009：52.

Reuter O M. Ad cognitionem Heteropterorum Africae occidentalis[J]. Öfversigt af Finska Vetenskapssocietetens Förhandlingar，1882-1883，25：1-43.

Reuter O M. Ad cognitionem Heteropterorurn Madagascariensium[J]. Entomologisk Tidskrift，1887，8：77-109.

Reuter O M. Ad cognitionem Lygaeidarum Palaearcticarum[J]. Revue d'Entomologie，1885，4：199-233.

Richard S. Adaptive Value of Aggregation Behavior in the Firebug *Pyrrhocoris apterus*（Heteroptera：Pyrrhocoridae）[J]. Entomologia Generalis，1995，19（3）：59.

Richard S. Aggregation Behavior of the Fire Bug，*Pyrrhocoris apterus*，with Special Reference to its Assembling Scent（Heteroptera：Pyrrhocoridae）[J]. Entomologia Generalis，1987，12（2-3）：115-169.

Robertson I A D. The Pyrrhocoroidea（Hemiptera-Heteroptera）of the Ethiopian region[J]. Journal of Insect Science, 2004, 4（14）: 1–44.

Saeed R, Abbas N, Razaq M, et al. Field evolved resistance to pyrethroids, neonicotinoids and biopesticides in *Dysdercus koenigii*（Hemiptera: Pyrrhocoridae）from Punjab, Pakistan[J]. Chemosphere, 2018, 213（DEC）: 149–155.

Saeed R, Abbas N. Realized heritability, inheritance and cross-resistance patterns in imidacloprid-resistant strain of *Dysdercus koenigii*（Fabricius）（Hemiptera: Pyrrhocoridae）[J]. Pest Management Science, 2020, 76（8）.

Sahayaraj K, Tomson M, Kalidas S. Artificial Rearing of the Red cotton bug, *Dysdercus cingulatus* using Cotton seed-based Artificial Diet（Hemiptera: Pyrrhocoridae）[J]. Entomologia Generalis, 2012, 33（4）: 283–288.

Saitou N, Nei M. The neighbor-joining method: A new method for reconstructing phylogenetic trees [J]. Molecular Biology & Evolution, 1987, 4: 406–425.

Sarwar Z, Mahmood I, Mamuna S, et al. Effects of selected synthetic insecticides on the total and differential populations of circulating haemocytes in adults of the red cotton stainer bug *Dysdercus koenigii*（Fabricius）（Hemiptera: Pyrrhocoridae）[J]. Environmental science and pollution research, 2018, 25: 17033–17037.

Say T. Descriptions of new species of heteropterous Hemiptera of North America[M]. Indiana: New Harmony, 1832: 39. [Fitch reprint. 1858: 755–812].

Schaefer C W, Ahmad I. A review of the Asian genus *Euscopus*（Hemiptera: Pyrrhocoridae）[J]. Oriental Insects, 2002, 36（1）: 211–220.

Schaefer C W, Ahmad I. Cotton strainers and their relatives（Pyrrhocoroidea: Pyrrhocoridae and Largidae）[M]//Schaefer C W, PANIZZI A R. Heteroptera of economic Importance. Boca Raton: CRC press, 2000: 271–307.

Schaefer C W, Stehlík J L. Caribbean Sea Region Pyrrhocoroidea (Hemiptera: Pyrrhocoridae, Largidae) [J]. Neotropical Entomology, 2013, 42 (4): 372–383.

Schaefer C W. Cotton Stainers (Pyrrhocoridae) and Bordered Plant Bugs (Largidae) [M]//Panizzi A R, Grazia J. True Bugs (Heteroptera) of the Neotropics, Volume 2[entomology in focus]. New York: Springer Dordrecht Heidelberg London, 2015: 515–535.

Schaefer C W. Systematic notes on Larginae (Hemiptera: Largidae) [J]. Journal of the New York Entomological Society, 2000, 108 (1–2): 130–145.

Schaefer C W. The Morphology and Higher Classification of the Coreoidea (Hemiptera-Heteroptera): Parts 1 and 2[J]. Annals of the Entomological Society of America, 1964, 57 (6): 670–684.

Schmidt E. Zur Kenntnis der Familie Pyrrhocoridae Fieber (Remiptera-Heteropetra) II[J]. Wiener Entomologische Zeitung, 1932, 49: 236–281.

Schuh R T, Slater J A. True Bugs of the World (Hemiptera: Heteroptera) [M]. Ithaca (New York): Cornell University Press, 1995: xiii+336.

Scudder G G E. The female genitalia of the Heteroptera: morphology and bearing on classification[J]. Transactions of the Royal Society of London, 1959, 111: 405–467.

Shah S. The Cotton Stainer (*Dysdercus koenigii*): An Emerging Serious Threat for Cotton Crop in Pakistan[J]. Pakistan Journal of Zoology, 2014, 46 (2): 329–335.

Shahi K P, Krishna S S. Effect of certain experimental regimens on mating behaviour and the impact of nutritional difference between copulating males and females on the reproductive programming in *Dysdercus koenigii* (Fabr.) (Heteroptera: Pyrrhocoridae) [J]. Proceedings Animal Sciences, 1986, 95 (6): 677–683.

Signoret V. Faune de Hémiptères de Madagascar (suite et fin), 2me partie, Hétéroptères (I) [J]. Annales de la Société Entomologique de France,

1861, 8（3）: 917–972.

Signoret V. Liste des Hémiptères recueillis en Chine par M. Collin de Plancy et le diagnoses de sept d'entre eux qui constituent des espèces nouvelles[J]. Bulletin de la Société Entomologique de France, 1881: 45–47.

Song N, Zhang H, Zhao T. Insights into the phylogeny of Hemiptera from increased mitogenomic taxon sampling[J]. Mol. Phylogenetics Evol., 2019, 137, 236–249.

Southwood T R E. The structure of the eggs of the terrestrial Heteroptera and its relationship to the classification of the group[J]. Transactions of the Royal Entomological Society of London, 1956, 108: 163–221.

Spinola M. Essai sur les Hémiptères L, ou Rhyngotes F. et a la section des Heteropteres Duf[M]. Geneva: Graviers, 1837: 383.

Squire F A. Observations on cotton stainers（*Dysdercus*）in the West Indies[J]. Bulletin of Entomological Research, 1939, 30: 289–291.

Stål C. Beitrag zur Hemipteren-Fauna Sibiriens und des Russischen Nord-Amerika[J]. Stettiner Entornologische Zeitung 1858, 19: 175–198.

Stål C. Beitrag zur Kenntniss der Pyrrhocoriden[J]. Berliner Entomologische Zeitschrift Siebenter Jahrgang, Hefters, 1863, 3–4: 392, 390–404.

Stål C. Enumeratio Hemipterorum. Bidrag till en företeckning öfver alla hittils kända Hemiptera, jemte systematiska meddelanden. Pt. 1[M]. Kungliga Svenska Vetenskaps Akademiens Handlingar（N.F.）, 1870, 9: 90–124.

Stål C. Hemiptera Fabriciana. Fabricianska Hemipterarter efter de i Köpenhamn och Kiel förvarade typexemplaren granskade och beskrifne. I. Kungliga Svenska Vetenskaps Akademiens Handlingar（N.F.）1868, 7（11）: 1–148.

Stål C. Hemiptera insularum Philippinarum, Bidrag till Philippinska öarnes Hemipter-fauna[J]. Öfversigt af Kungliga Vetenskaps Akademiens Förhandlingar, 1871, 27（1870）: 607–776.

Stål C. Nova methodus familias quasdam Hemipterorum disponendi[J]. Öfversigt af Kungliga Vetenskapsakademiens Förhandlingar, 1861, 18: 195–212.

Stål C. Nya Hemiptera [J]. Öfversigt af Kungliga Vetenskapsakademiens Förhandlingar, 1855, 12: 181–192.

Stål C. Hemiptera Africana, 1866, 3: 1–200. Holmiae: Norstedt.

Stål C. Enumeratio Hemipterorum. Bidrag till en förteckning öfver alla hittils kända Hemiptera, jemte systematisca meddelanden. 4[J]. Kungliga Svenska Vetenskaps Akademiens Handlingar, 1874, 12 (1): 1–186.

Stehlík J L, Brailovsky H. Two new genera of the tribe Largulini (Hemiptera: Heteroptera: Largidae) from Greater Antilles[J]. Acta Entomologica Musei Nationalis Pragae, 2011, 51: 449–456

Stehlík J L, Jindra Z. A revision of the genus *Ascopocoris* Stehlík et Kerzhner, 1999 (Pyrrhocoridae, Heteroptera) [J]. Acta Musei Moraviae, Scientiae biologicae (Brno), 2006b, 91: 61–68.

Stehlík J L, Jindra Z. Five new species of the genus *Dindymus* (Heteroptera: Pyrrhocoridae) [J]. Acta Entomologica Musei Nationalis Pragae, 2006c, 46: 21–30.

Stehlík J L, Jindra Z. Largidae and Pyrrhocoridae of Thailand (Heteroptera) [J]. Acta Musei Moraviae, Scientiae biologicae (Brno), 2003, 88: 5–19.

Stehlík J L, Jindra Z. Largulini、a new tribe of Larginae from Jamaica (Heteroptera, Largidae) [J]. Entomol Basiliensa et Collectionis Frey, 2007, 29: 13–20

Stehlík J L, Jindra Z. New species of Largidae and Pyrrhocoridae (Heteroptera) from the Oriental region [J]. Acta Entomologica Musei Nationalis Pragae, 2006a, 46: 31–41.

Stehlík J L, Jindra Z. New taxa of the Largidae and Pyrrhocoridae (Hemiptera: Heteroptera) from the Oriental Region [J]. Acta Entomologica Musei Nationalis Pragae, 2008, 48: 611–648.

Stehlík J L, Kerzhner I M. On taxonomy and distribution of some Palaearctic and Oriental Largidae and Pyrrhocoridae (Heteroptera) [J]. Zoosystematica Rossica, 1999, 8 (1): 121–128.

Stehlík J L, Kment P. *Ectatops grandis* sp. nov. from Vietnam and an annotated

list of the genus *Ectatops* (Hemiptera: Heteroptera: Pyrrhocoridae) [J].
Acta Musei Moraviae, Scientiae biologicae (Brno), 2017, 102 (1):
1-20.

Stehlík J L, Kment P. *Largus giganteus* sp. nov. from Brazil and notes on
hybridization within *Largus* (Hemiptera: Heteroptera: Largidae) [J].
Acta Entomologica Musei Natioalis Pragae, 2010, 50 (1): 53-58.

Stehlík J L, Kment P. *Myrmoplastoides* subgen. nov. of the genus *Myrmoplasta*
(Hemiptera: Heteroptera: Pyrrhocoridae) from the Oriental region[J].
Zootaxa, 2008, 1782: 61-64.

Stehlík J L, Kment P. Redescription of *Pararhaphe* and review of *Arhaphe*
(Hemiptera: Heteroptera: Largidae) of America north of Mexico[J].
Zootaxa, 2011, 3058 (3058): 35-54.

Stehlík J L, Kment P. *Riegeriana*, a new genus for *Physopelta apicalis*, and
checklist of the genus *Iphita* (Hemiptera: Heteroptera: Largidae) with
description of one new species[J]. Zootaxa, 2014, 3860 (2): 167.

Stehlík J L, Hemala V, Kment P. Redescription of the genus *Wachsiella*
(Hemiptera: Heteroptera: Largidae: Physopeltinae) with description of
male and comments on its tribal placement[J]. Zootaxa, 2016, 4098 (1):
145-157.

Stehlík J L, Jindra Z. *Schaeferiana* (*Gaboniella* subgen. n.) *incompleta* sp.
n. from Gabon, with notes on its relationships and new records from the
Central African Republic (Hemiptera, Heteroptera, Pyrrhocoridae) [J].
ZooKeys, 2011, 126: 49-56.

Stehlík J L. *Brancucciana* Ahmad et Zaidi, 1986 is the valid name for
Ascopocoris Stehlík et Kerzhner, 1999 (Heteroptera: Pyrrhocoridae) [J].
Acta Musei Moraviae, Scientiae biologicae (Brno), 2007, 92: 109-110

Stehlík J L. New taxa of Pyrrhocoroidea (Heteroptera) from the Oriental
Region in the Natural History Museum in London[C]//Rabitsch W. Hug the
bug, For love of true bugs, Festschrift zum 70, Geburtstag von Ernst
Heiss. Wissenschaftliche Redaktion, Denisia, 2006: 653-680.

Stehlík J L. *Pseudodindymus*, a new subgenus of *Dindymus* (Hemiptera: Heteroptera: Pyrrhocoridae) from the Oriental Region [J]. Zootaxa, 2009. (2010): 1-15.

Stehlík J L. Pyrrhocoridae and Largidae collected by E. S. Brown on Solomon Islands (Heteroptera) [J]. Acta Musei Moraviae, Scientiae Naturales, 1965, 50: 253-292.

Stehlík J L. Review and reclassification of the Old World genus *Physopelta* (Hemiptera: Heteroptera: Largidae) [J]. Acta Entomologica Musei Nationalis Pragae, 2013, 53 (2): 505-584.

Stein G. On the fine structure of the scent glands of the fire bug (*Pyrrhocoris apterus* L. Geocorisae). The 2d larval abdominal gland[J]. Zeitschrift Fur Zellforschung Und Mikroskopische Anatomie, 1967, 79 (1): 49.

Štys P, Kerzhner I M. The rank and nomenclature of higher taxa in recent Heteroptera [J]. Acta Entomologica Bohemoslovaca, 1975, 72: 65-79.

Štys P. Monograph of Malcinae, with reconsiderations of morphology and phylogeny of related groups. (Heteroptera, Malcidae) [J]. Acta Entomologica Musei Nationalis Pragae, 1967, 37: 351-516.

Tamura K, Nei M, Kumar S. Prospects for inferring very large phylogenies by using the neighbor-joining method[J]. Proceedings of the National Academy of Sciences of the United States of America, 2004, 101: 11030-11035.

Tamura K, Stecher G, Peterson D, et al. MEGA 6: Molecular evolutionary genetics analysis version 6.0[J]. Molecular Biology & Evolution, 2013, 30: 2725-2729.

Thomopson J D, Gibson T, Higgins D G. Multiple sequence alignmennt using ClustalW and ClustalX[J]. Curr Protocols Bioinformatics, 2002: 2-3.

Tian X, Xie Q, Li M, et al. Phylogeny of pentatomomorphan bugs (Hemiptera-Heteroptera: Pentatomomorpha) based on six Hox gene fragments[J]. Zootaxa, 2011, 2888, 57-68.

Tingidae, Reduviidae. Ochteridae[J]. Entomologischhe Mitteilungen, 1914,

3：355–354.

Torre B J R. A synopsis of the Hemiptera-Heteroptera of America north of Mexico, Part II. Families Coreidae, Alydidae, Corizidae, Neididae, Pyrrhocoridae, and Thaumastotheridae[J]. Entomologica Americana, 1941, 21：41–122.

Trifinopoulos J, Nguyen L T, von Haeseler A, Minh B Q. W-IQ-TREE: a fast-online phylogenetic tool for maximum likelihood analysis [J]. Nucleic Acids Res., 2016, 44：W232–W235. https：//doi.org/10.1093/nar/gkw256.

Walker F. Catalogue of the specimens of Hemiptera Heteroptera in the collection of the British Museum, 5[M]. London：British Museum（Natural History）, 1872：202.

Walker F. Catalogue of the specimens of Hemiptera Heteroptera in the collection of the British Museum, 7[M]. London：British Museum（Natural History）, 1873：213.

Weirauch C, Schuh R T, Cassis G, et al Revisiting habitat and lifestyle transitions in Heteroptera（Insecta：Hemiptera）：insights from a combined morphological and molecular phylogeny[J]. Cladistics, 2019, 35, 67–105.

Xie Q, Bu W, Zheng L. The Bayesian phylogenetic analysis of the 18S rRNA sequences from the main lineages of Trichophora（Insecta：Heteroptera：Pentatomomorpha）[J]. Mol. Phylogenetics Evol., 2005, 34, 448–451.

Zhang L J, Li H, Li S J, et al. Phylogeographic structure of cotton pest *Adelphocoris suturalis*（Hemiptera：Miridae）：strong subdivision in China inferred from mtDNA and rDNA ITS markers[J]. Scientific Reports, 2015, 5（1）：14009.

Zrzavý J, Nedvěd O. Evolution of mimicry in the New World *Dysdercus*（Hemiptera：Pyrrhocoridae）[J]. Journal of Evolutionary Biology, 1999, 12（5）：956–969.

Zrzavý J, Nedvěd O. Phylogeny of the New World *Dysdercus*（Insecta：Hemiptera：Pyrrhocoridae）and evolution of their colour patterns[J].

Cladistics，1997，13：109–213.

Zrzavý J. Red bugs and the origin of mimetic complexes（Heteroptera：
　　Pyrrhocoridae：Neotropical *Dysdercus* spp.）[J]. Oikos，1994，69（2）：
　　346–352.

中国红蝽总科分类（半翅目：异翅亚目）

赵　萍[1]　曹亮明[2]　龙兰珍[3]

1. 北部湾环境演变与资源利用教育部重点实验室和广西地表过程与智能模拟重点实验室，南宁师范大学地理与海洋研究院，南宁 530001，中国

2. 国家林业和草原局森林保护学重点实验室，中国林业科学研究院森林生态环境与自然保护研究所，北京 100091，中国

3. 凯里学院，植物保护系，凯里 556000，中国

本书在总论部分，简述了国内外红蝽总科的分类研究历史和现状，介绍了红蝽成虫和若虫的形态特征，概述了红蝽的生物学信息，基于 28S rDNA 部分片段的分子数据对中国红蝽总科部分属种进行系统发育分析，初步讨论了中国红蝽总科的属、种间的亲缘关系。

在系统分类研究部分，本书系统记述中国红蝽总科 2 科 15 属 40 种，其中包括 1 新种安龙斑红蝽 *Physopelta anlongensis* Zhao & Cao, 2022 **sp. nov.**，及 1 中国新纪录种云南眼红蝽 *Ectatops grandis* Stehlík & Kment,

2017，检视了保存在中国科学院动物研究所的 4 种红蝽模式标本，即云南龟红蝽 *Armatillus verticalis* Hsiao，1964、华红蝽 *Brancucciana* (*Brancucciana*) *rufa*（Hsiao，1964）、棕锐红蝽 *Euscopus fuscus* Hsiao，1964、素直红蝽 *Pyrrhopeplus impictus* Hsiao，1964。为了便于分类鉴定，本书中提供了中国红蝽总科的属间和种间的检索表，及 38 种成虫背腹面观的照片和 28 种的雄虫外生殖器照片，在附录部分提供了世界红蝽总科物种名录和分布，大红蝽科包括 2 亚科 6 族 25 属 223 种，红蝽科 49 属 525 种。

关键词：半翅目；异翅亚目；红蝽总科；红蝽科；大红蝽科；分类；中国

English brief

Taxonomic study of the Superfamily Pyrrhocoroidea (Hemiptera: Heteroptera) in China

ZHAO Ping[1], CAO Liangming[2], LONG Lanzhen[3]

[1] *Key Laboratory of Environment Change and Resources Use in Beibu Gulf (Ministry of Education) and Guangxi Key Laboratory of Earth Surface Processes and Intelligent Simulation, Institute of Geography and Oceanography, Nanning Normal University, Nanning 530001, China*

[2] *Key Laboratory of Forest Protection of National Forestry and Grassland Administration, Institute of Forest Ecology, Environment and Nature Conservation, Chinese Academy of Forestry, Beijing 100091, China*

[3] *Department of Plant Protection, Kaili University, Kaili 556000, China*

This book focused on the taxonomic study of the superfamily Pyrrhocoroidea (Hemiptera: Heteroptera) in China. The research history and the recent progress of Pyrrhocoroidea worldwide were introduced. The biological information about the habitate, feeding, oviposition, mating and so on were briefly introduced. The general morphological characters in the adult and nymph stages were described and illustrated. The phylogenetic analysis in the the superfamily Pyrrhocoroidea (Hemiptera: Heteroptera) in China was performed based on molecular data (part sequence of 28s rDNA). The phylogenetic relationship of the Chinese genera and species of the superfamily Pyrrhocoroidea is analyzed and discussed.

In the taxonomic part, the Chinese species of the superfamily Pyrrhocoroidea were comprehensively reviewed, forty species under fifteen genera and two families in China were described or re-described, among them, one species are described new to science, *Physopelta anlongensis* Zhao & Cao sp. nov.. And one species is newly recorded in China, *Ectatops grandis* Stehlík & Kment, 2017. We examined the holotypes and paratypes of four species deposited in Institute of Zoology, Chinese Academy of Sciences, that is, *Armatillus verticalis* Hsiao, 1964, *Brancucciana* (*Brancucciana*) *rufa* (Hsiao, 1964), *Euscopus fuscus* Hsiao, 1964, *Pyrrhopeplus impictus* Hsiao, 1964. In order to facilitate the classification and identification, we provided keys to Chinese genera under the family and the Chinese species under genera, and photographed the male genitals of twenty-eight species, the dorsal and ventral views of habitues of thirty-eight species. In the appendix, a list of the world species of the superfamily Pyrrhocoroidea is provided, which contains 2 subfamliies, 6 tribes, 25 genera and 223 species in Largidae and 49 genera and 525 species in Pyrrhocoridae.

Key words: Hemiptera, Heteroptera, Pyrrhocoroidea, Pyrrhocoridae, Largidae, taxonomy, China

1. New species

***Physopelta anlongensis* Zhao & Cao, 2022 sp. nov.（Figures 11, 12）**

Description. Body colouration. Body red. Head, rostrum, antennae （except basal half of fourth segment yellowish white）; legs（except coxae and trochanter reddish brown）, membrane（except basal part and external margin）, pleuron and sternum of thorax, inter-segment suture of abdomen black; middle part of pronotum and scutellum dark reddish brown; ventral side of abdomen（except inter-segment suture）, coxae, trochanter red to reddish brown（Figure 11）.

Structure. Oblong ellipse. Body clothed with white thin setae of variable length. Pronotum, scutellum, corium and clavus of fore wing with many larger puncta. Head angular; first antennal segment subequal to second segment, third shortest; rostrum extending to between coxae of hind leg. Anterior pronotal lobe slightly convexed; fore femur in male slightly thickened, and with two lines of dentate processes and subapically with 2 or 3 spines（Figure 11）. Male genitalia（Figure 12）: Pygophore wide and round, median pygophore process short（Figure 12A–C）; paramere apical with two processes, apical process horn-shaped, nearly straight, subapical process round and ear-shaped （Figure 12D–F）; phallus shown as Figure 12G–I.

Measurement [♂（n=1）/ ♀（n=1）, in mm] Body length 12.51/13.30; maximum abdomen width 4.50/4.72; head length（including neck）1.80/2.16; anteocular part length 0.90/1.08; postocular part length 0.48/0.42; synthlipsis Length 1.05/1.15; antennal segments length I–IV=2.82/3.18, 2.88/3.00, 1.65/1.80, 2.55/2.70; rostral segments length I–IV=1.08/1.44, 1.38/1.56, 1.44/1.56, 1.32/1.50; Anterior pronotal lobe length 1.20/1.32; posterior pronotal lobe length 1.08/1.26; maximum thorax width (including lateral pronotal spines) 4.32/4.02; scutellum length 1.20/1.92; hemelytron length 9.50/9.90。

Type material. Holotype, ♂, Guizhou, Anlong, 2013-X-6, Zhao Ping and Yang Kun leg., kept in CAU; Paratypes, 1 ♀, same data as holotype.

Etymology. The specific name alludes to its distribution in Anlong country, Guizhou province of China.

Distribution. China (Guizhou).

Remark. The new species is different from other members within genus *Physopelta* on that the corium of fore wing is red without black round markings (vs. other members of the genus *Physopelta*, the corium of fore wing is distinctly with black round markings). The new species is similar to *Physopelta cincticollis* in body shape, but the former is distinguished with the latter in body coloration, and the apical part of paramere in new species is sharp, that of *P. cincticollis* is round. Based on the genetic distance analysis of partial 28s rDNA sequences and the NJ phylogenetic tree constructed, the results showed that the species should belong to the genus *Physopelta*, so the new species was established.

Plant host. Unknown.

2. New record to China

Ectatops grandis Stehlík & Kment, 2017 (**Figure 47C, D**) **new record to China**

Ectatops grandis Stehlík & Kment, 2017: 6.

Description. Body coloration. Body red. Head dorsally red, head ventrally and rostrum black; first to third antennal segments black (except basal part of first and second segments red), fourth greyish black (except sub-basal part of fourth yellow) . Pronotum red, transversal constriction black, larger puncta on anterior and posterior margins and smaller puncta on lateral margins of callus of anterior lobe, smaller puncta on posterior lobe black, callus and margin of pronotum smooth and without puncta; pleuron and sternum of thorax black; scutellum orange-yellow, basal transversal markings black, puncta of posterior part black; corium and clavus of fore wing red, membrane yellowish, semi-transparent, puncta of corium and clavus black; legs black; third segment of abdominal sterna black, fourth to seventh segments yellowish-white (except markings of inter-segmental sulci laterally and small areas surrounding trichobothria black) (Figure 47 C, D) .

Structure. Ventral side of head, pleuron and sternum of thorax, legs clothed with white adpressed setae. Body large and wide. Head widened tranversally, eye sockets strongly raised upwards and produced laterally; apical part of head tri-anglular, acute. Pronotum trapezoidal, wide, callus of anterior pronotal lobe gibbose and with larger puncta on anterior and posterior margins and smaller puncta on lateral margins, posterior lobe slightly convex; lateral margin of pronotum relatively wide, round. Scutellum basally with deep, narrow, transverse depression, posterior portion of scutellum gibbose, sloping towards apex, with puncta. Costal margin of corium rounded. Profemora not icrassate, ventrally subapically with two pairs of denticles. Inter-segmental sulci between abdominal sterna sinuated.

Measurement [♀ (n=1) , in mm] Body length 17.04; maximum abdomen width 6.90; head length (including neck) 2.82; head width 3.60; anteocular part length 1.50; postocular part length 0.49; synthlipsis Length 2.04; antennal segments length I–IV=3.30, 2.82, 2.28, 2.70; rostral segments length I–IV=3.00，2.70，2.58，1.62；Anterior pronotal lobe length 1.20；posterior pronotal lobe length 2.10；maximum thorax width（including lateral pronotal spines）5.10；scutellum length 2.10；hemelytron length 11.58.

Type material. Holotype: ♀ , Vietnam, Hue env., Bach Ma N.P., 16° 12'N，107° 52'E day coll.，12–17.vii.2011，leg. J. Constant & J. Breddeel，I.G. 31.933 [p，yellow label]；♀ [p，white label]；Holotypus [p] / Ectatops / grandis [hw] / Stehlík & Kment 201 [p] 5 [hw，red label]（ISNB）.

Material examined. 1 ♀ , Yunnan, Mengla, Longmen, 2013–IV–21, Zhao Ping & Wan Renjing leg.，kept in CAU.

Distribution. China（Yunnan）；central Vietnam.

Remarks. Stehlík & Kment（2017）set up the species *Ectatops grandis* Stehlík & Kment，2017 based on the specimen collected from North Vietnam，and is the largest species of the genus. We collected a female specimen from Yunnan province of China.

中文索引

拉丁学名索引

附 录

世界红蝽总科名录和地理分布

Catalogue of the Pyrrhocoroidea in the world

Zhao Ping[1]，Cao Liang-Ming[2]

[1] *Key Laboratory of Environment Change and Resources Use in Beibu Gulf* （*Ministry of Education*）*and Guangxi Key Laboratory of Earth Surface Processes and Intelligent Simulation*，*Nanning Normal University*，*Nanning 530001*，*China*；*zpyayjl@126.com*

[2] *Key Laboratory of Forest Protection of National Forestry and Grassland Administration*，*Institute of Forest Ecology*，*Environment and Nature Conservation*，*Chinese Academy of Forestry*，*Beijing 100091*，*China. caolm1206@126.com*

Family Largidae Amyot & Serville，1843
Subfamily Larginae Amyot & Serville，1843
Tribe Largini Amyot & Serville，1843
Genus *Acinocoris* Hahn，1834

Acinocoris bilineatus Walker，1873

   Distribution. Guiana，Demerara

Acinocoris bilineatus var. *includens* Walker，1873

Distribution. Ecuador，Cuenca

Acinocoris brevis Brailovsky & Barrera，1981

Distribution. South America

Acinocoris calidus（Fabricius，1803）

Distribution. Suriname，Venezuela

Acinocoris decoratus Brailovsky & Barrera，1981

Distribution. Brazil

Acinocoris elegans Van Doesburg，1966

Distribution. Suriname，Peru

Acinocoris femoralis Schmidt，1931

Distribution. South America

Acinocoris flavicornis Schmidt，1931

Distribution. South America

Acinocoris goiasnesianus Brailovsky，1989

Distribution. South America

Acinocoris includens Walker，1873

Distribution. Ecuador，Peru，Bolivia，Venezuela

Acinocoris interruptus Herrich-Schäffer，1850

Distribution. South America

Acinocoris lunaris（Gmelin，1788）

Distribution. USA（California），Mexico，Centr. Amer，Guiana，Brazil，Peru，Argentina，Antilles

Acinocoris lunaris var. *calidus*（Fabricius，1803）

Distribution. Brazil

Acinocoris nigrocapitata Brailovsky & Barrera，1981

Distribution. Bolivia

Acinocoris podalicus Brailovsky，1989

Distribution. Argentina

Acinocoris similis Schmidt，1931

Distribution. South America

Acinocoris simulans Schmidt，1931

Distribution. South America

Genus *Fibrenus* Stål，1861

Fibrenus bucculatus Schmidt，1931

Distribution. South America

Fibrenus bullatus White，1879

Distribution. Brazil（Amazonas）

Fibrenus convelatus Brailovsky，1989

Distribution. South America

Fibrenus ferrugineus Schmidt，1931

Distribution. South America

Fibrenus gibbicollis Stål，1861

Distribution. Mexico（Oaxaca，Yucatan），Guatemala（Jalapa），Vera Cruz，Honduras，Costa Rica

Fibrenus globicollis（Burmeister，1835）

Distribution. Panama，Colombia，Brazil

Fibrenus intermedius Schmidt，1931

Distribution. South America

Fibrenus nigricornis Schmidt，1931

Distribution. South America

Fibrenus nigripes Schmidt, 1931

   Distribution. South America

Fibrenus pehlkei Schmidt, 1931

   Distribution. South America

Fibrenus pronotatus Brailovsky, 1989

   Distribution. South America

Fibrenus rammei Schmidt, 1931

   Distribution. South America

Fibrenus turbidus Brailovsky & Barrera, 1981

   Distribution. Brazil

Genus *Largus* Hahn, 1831

Largus affinis (Distant, 1882)

   Distribution. Guatemala

Largus amorii (Bolivar, 1879)

   Distribution. Brazil

Largus anticus (Walker, 1873)

   Distribution. Brazil (Amazonas)

Largus balteatus Stål, 1870

   Distribution. Bolivia, Brazil, Peru

Largus balteatus var. *thoracicus* Hussey, 1927

   Distribution. Brazil (Matto Grosso)

Largus bimaculatus Schmidt, 1931

   Distribution. South America

Largus bipustulatus Stål, 1861

   Distribution. USA (Texas), Mexico, Honduras

Largus californicus（Van Duzee，1923）

　　Distribution. USA，Mexico

Largus ceblini Schmidt，1931

　　Distribution. South America

Largus cinctiventris（Stål，1860）

　　Distribution. Brazil（Rio Janeiro）

Largus cinctus Herrich-Schäeffer，1842

　　Distribution. USA（Colorado，Texas，New Mexico，Arizona，Nevada，California），Mexico，Guatemala，Costa Rica，Panama

Largus cinctus subsp. *californicus* Van Duzee，1923

　　Distribution. USA（Oregon，Northern California）

Largus convivus Stål，1861

　　Distribution. USA（California，Colorado，Texas），Mexico，Guatemala

Largus crassipes（Stål，1861）

　　Distribution. Guiana，Brazil（North），Suriname

Largus davisi（Barber，1914）

　　Distribution. USA Florida

Largus davisi pallidus Halstead，1972

　　Distribution. USA Florida

Largus discolor（Stål，1861）

　　Distribution. Brazil（São Paulo）

Largus divisus（Walker，1873）

　　Distribution. Brazil（Western Amazonas）

Largus fasciatus Blanchard，1843

　　Distribution. Argentina，Brazil

Largus fatidicus Blanchard，1843

Distribution. Brazil

Largus flaviventris Schmidt，1931

Distribution. Columbien（Cordilleren）

Largus fulvipes（Blöte，1931）

Distribution. Netherlands（Curaçao）

Largus fumosus fumosus Stehlík，2013

Distribution. Panama

Largus fumosus nigromembranaceus Stehlík，2013

Distribution. Panama

Largus geijskesi Van Doesburg，1966

Distribution. Suriname

Largus geniculatus（Distant，1901）

Distribution. Colombia

Largus giganteus Stehlík & Kment，2010

Distribution. Brazil

Largus haenschi Schmidt，1931

Distribution. South America

Largus humilis（Drury，1782）

Distribution. Brazil，Paraguay，Argentina

Largus latus Bergroth，1914

Distribution. Bolivia

Largus lentus（White，1879）

Distribution. Brazil（Amazonas）

Largus lexias（Kirkaldy & Edwards，1902）

Distribution. Brazil

Largus lineola（Linnaeus，1758）

Distribution. Guiana, Suriname

Largus longulus Stål, 1861

Distribution. Mexico, Costa Rica

Largus maculatus Schmidt, 1931

Distribution. USA, Colombia, Costa Rica, Panama

Largus maculiventris Schmidt, 1931

Distribution. Mexico

Largus martinezi Bolivar, 1879

Distribution. Ecuador（Rio Napo）

Largus meganira（Kirkaldy & Edwards, 1902）

Distribution. Brazil

Largus morio Stål, 1855

Distribution. Colombia

Largus nigrinervis Schmidt, 1931

Distribution. Argentina

Largus obovatus（Barber, 1923）

Distribution. Dominican Republic, Haiti, Puerto Rico

Largus pallidicornis Herrich-Schäeffer, 1850

Distribution. Locality unknown

Largus pallidus Halstead, 1972

Distribution. USA Florida

Largus pectoralis Schmidt, 1931

Distribution. South America

Largus penskyi Schmidt, 1931

Distribution. South America

Largus priscillae（Hussey, 1927）

Distribution. Argentina

Largus radezeeki Schmidt，1931

Distribution. South America

Largus rufipennis Laporte，1833

Distribution. Brazil（Rio Janeiro），Paraguay，Uruguay，Argentina，Porto Rico

Largus saturnides（Kirkaldy & Edwards，1902）

Distribution. South America

Largus sculptilis Bliven，1959

Distribution. USA，Mexico

Largus sellatus（Guérin-Méneville，1857）

Distribution. Cuba，USA

Largus semipletus Bliven，1959

Distribution. USA（California）

Largus semipunctatus Halstead，1970

Distribution. Arizona

Largus sexguttatus Herrich-Schäeffer，1850

Distribution. Locality unknown

Largus spinosus Schmidt，1931

Distribution. South America

Largus subligatus（Distant，1882）

Distribution. Mexico，Guatemala

Largus succinctus（Linnaeus，1763）

Distribution. USA（Arizona，California，Colorado，Florida，Maryland，Minnesota，Massachusetts，North Carolina，New Jersey，New Mexico，New York，Oklahoma，Pennsylvania，Texas，Virginia）

Largus torridus Walker，1873

Distribution. Colombia

Largus tricolor（Blöte，1933）

Distribution. South America

Largus tristis Stål，1870

Distribution. Colombia

Largus trochanterus Signoret，1862

Distribution. Peru，Brazil，Guiana，Argentina，W. Indies

Largus varians Stål，1870

Distribution. Colombia，Mexico，Costa Rica，Panama

Largus xanthomelas（Perty，1833）

Distribution. Brazil（Northern，Sao Paulo），Argentina Rio Negro

Genus *Lecadra* Signoret，1862

Lecadra abdominalis Signoret，1862

Distribution. Peru

Lecadra schmidti Schmidt，1931

Distribution. South America

Genus *Parvacinocoris* Melo & Dellapé，2019

Parvacinocoris khuru Melo & Dellapé，2019

Distribution. Argentina，Paraguay

Parvacinocoris stehliki（Doesburg，1966）

Distribution. Suriname，Venezuela，Brazil，Colombia，Guatemala

Genus *Rosaphe* Kirkaldy & Edwards，1902

Rosaphe amazonica（Brailovsky & Barrera，1993）

Distribution. Brazil

Rosaphe cornuta Lepeletier & Serville, 1825

Distribution. Guiana

Rosaphe nigerrima (Breddin, 1898)

Distribution. Bolivia

Rosaphe nigrocapitata (Brailovsky & Barrera, 1993)

Distribution. Bolivia, Péru, Venezuela

Rosaphe pallidula (Brailovsky & Barrera, 1993)

Distribution. Peru

Rosaphe stylophthalmum (Stål, 1870)

Distribution. North Brazil

Rosaphe sanmartini (Coscarón & Dellapé, 2006)

Distribution. Argentina, Corrientes province

Genus *Stenomacra* Stål, 1870

Stenomacra atra Brailovsky & Mayorga, 1997

Distribution. Brazil

Stenomacra dissimilis (Distant, 1883)

Distribution. Costa Rica, Panama

Stenomacra limbatipennis (Stål, 1860)

Distribution. Brazil

Stenomacra magna Brailovsky & Mayorga, 1997

Distribution. Brazil

Stenomacra marginella (Herrich-Schäeffer, 1850)

Distribution. USA, Mexico

Stenomacra scapha (Perty, 1833)

Distribution. Brazil

Stenomacra tungurahuana Brailovsky & Mayorga，1997

Distribution. Ecuador

Stenomacra turrialbana Brailovsky & Mayorga，1997

Distribution. Costa Rica

Genus *Thaumastaneis* Kirkaldy & Edwards，1902

Thaumastaneis montandoni Kirkaldy & Edwards，1902

Distribution. Brazil，Goyaz，Maranhão

Thaumastaneis nigricans Dellapé & Melo，2007

Distribution. Bolivia

Genus *Theraneis* Spinola，1837

Theraneis amabilis Breddin，1903

Distribution. Bolivia

Theraneis araguaensis Brailovsky，1991

Distribution. Venezuela

Theraneis brancuccii Stehlík，2006

Distribution. South America

Theraneis constricta Stål，1870

Distribution. Colombia

Theraneis elongata Brailovsky，1991

Distribution. Peru

Theraneis furtiva Brailovsky & Barrera，2008

Distribution. Panama

Theraneis longula Stehlík，2006

Distribution. South America

Theraneis lurida Distant，1902

    Distribution. Brazil（Amazonas，Goyaz）

Theraneis montivaga Schmidt，1931

    Distribution. South America

Theraneis multicolorata Brailovsky，1991

    Distribution. Brazil

Theraneis napoana Brailovsky & Barrera，2008

    Distribution. Ecuador

Theraneis neotropicalis Brailovsky，1991

    Distribution. Brazil

Theraneis oleosa Distant，1901

    Distribution. Costa Rica

Theraneis petri Stehlík，2006

    Distribution. Bolivia

Theraneis pulchra Distant，1883

    Distribution. Panama，Honduras

Theraneis saphisa Brailovsky & Barrera，2008

    Distribution. Ecuador

Theraneis schuhi Stehlík，2006

    Distribution. Peru

Theraneis spinosa Distant，1902

    Distribution. Amazonas

Theraneis surinamensis Van Doesburg，1966

    Distribution. Suriname

Theraneis vaga Schmidt，1931

    Distribution. South America

Theraneis vittata Spinola，1837

   Distribution. Brazil（Rio Janeiro）

Genus *Vasarhelyecoris* Brailovsky & Barrera，1994

Vasarhelyecoris ophthalmicus Brailovsky & Barrera，1994

   Distribution. Peru

Tribe Arhaphini Bliven，1973
Genus *Arhaphe* Herrich-Schäeffer，1850

Arhaphe arguta（Bliven，1956）

   Distribution. Mexico，USA

Arhaphe breviata Barber，1924

   Distribution. USA

Arhaphe capitata Halstead，1972

   Distribution. Mexico

Arhaphe carolina Herrich-Schäeffer，1850

   Distribution. Mexico，USA

Arhaphe cicindeloides Walker，1873

   Distribution. Mexico，USA

Arhaphe deviatica Brailovsky，1981

   Distribution. Costa Rica，Honduras，Mexico

Arhaphe ferruginea Stehlík & Brailovsky，2016

   Distribution. Mexico（Guerrero）

Arhaphe flavoantennata Stehlík & Brailovsky，2016

   Distribution. Costa Rica（Guanacaste Province），Honduras（Intibuca Department），Nicaragua（Granada Province）

Arhaphe furcata Brailovsky，1981

Distribution. Mexico

Arhaphe halsteadi Brailovsky，1981

    Distribution. Mexico

Arhaphe hirsuta Stehlík & Brailovsky，2016

    Distribution. Mexico（Oaxaca）

Arhaphe hoffmannae Brailovsky，1996

    Distribution. Mexico

Arhaphe kmenti Stehlík & Brailovsky，2016

    Distribution. Mexico（Guanajuato，Michoacán）

Arhaphe longula Stehlík & Brailovsky，2016

    Distribution. Mexico（Guerrero）

Arhaphe magna Stehlík & Brailovsky，2016

    Distribution. Mexico（Colima）

Arhaphe mexicana Halstead，1972

    Distribution. Mexico

Arhaphe mimetica Barber，1911

    Distribution. USA（Arizona）

Arhaphe morelensis Brailovsky & Marquez，1974

    Distribution. Mexico

Arhaphe myrmicoides Stehlík & Brailovsky，2016

    Distribution. Mexico（Guerrero，Nayarit）

Arhaphe nigra Brailovsky，1996

    Distribution. Mexico

Arhaphe oaxacana Stehlík & Brailovsky，2016

    Distribution. Mexico（Oaxaca）

Arhaphe pilifera Stehlík & Brailovsky，2016

Distribution. Mexico（Nayarit）

Arhaphe pisina Brailovsky，1996

   Distribution. Mexico

Arhaphe rustica Brailovsky，1981

   Distribution. Mexico

Arhaphe torquata Brailovsky，1981

   Distribution. Mexico

Arhaphe vegrandis Brailovsky，1996

   Distribution. Mexico

Genus *Pararhaphe* Henry，1988

Pararhaphe sphaeroides（Distant，1883）

Distribution. Guatemala

Tribe Largulini Stehlík & Jindra，2007

Genus *Armilargulus* Stehlík & Jindra，2007

Armilargulus elongatus Stehlík & Jindra，2007

Distribution. Jamaica

Genus *Largulus* Hussey，1927

Largulus parallelus Hussey，1927

Distribution. Jamaica

Genus *Neolargulus* Stehlík & Brailovsky，2011

Neolargulus excavatus Stehlík & Brailovsky，2011

Distribution. Dominican Republic

Genus *Paralargulus* Stehlík & Brailovsky，2011

Paralargulus refulgens（Brailovsky & Barrera，2008）

Distribution. Jamaica

Subfamily Physopeltinae Hussey，1929

Tribe Physopeltini Hussey，1929

Genus *Delacampius* Distant，1903

Delacampius alboarcuatus Stehlík & Jindra，2008

Distribution. Indonesia

Delacampius grossepunctatus Stehlík & Jindra，2006

Distribution. Indonesia

Delacampius hirtus Blöte，1933

Distribution. Australia

Delacampius lateralis（Walker，1872）

Distribution. Indonesia， Australia

Delacampius maculatus Stehlík，2006

Distribution. Indonesia

Delacampius parvulus Stehlík & Jindra，2008

Distribution. Thailand

Delacampius seria Breddin，1901

Distribution. Southern Asia

Delacampius siberutensis Stehlík & Jindra，2008

Distribution. Indonesia

Delacampius subtilepunctatus Stehlík & Jindra，2006

Distribution. Indonesia

Delacampius typicus Distant，1903

Distribution. Malacca

Delacampius villosus（Breddin，1901）

Distribution. China（Guangdong，Guangxi，Hainan），Laos，Indonesia，Malaysia

Genus *Iphita* Stål，1870

Iphita coimbatorensis（Distant，1919）

Distribution. India（Karnataka，Orissa）

Iphita dubia（Breddin，1901）

Distribution. Indonesia：Papua，Papua New Guinea

Iphita fimbriata（Stål，1863）

Distribution. Indonesia

Iphita fuscorubra Stehlík & Jindra，2008

Distribution. India

Iphita grandis Distant，1903

Distribution. Sri Lanka

Iphita heissi Stehlík & Jindra，2008

Distribution. Indonesia

Iphita kubani Stehlík，2005

Distribution. Laos

Iphita lata Stehlík & Kment，2014

Distribution. India

Iphita limbata Stål，1870

Distribution. China（Hainan，Yunnan），Bangladesh，Cambodia，India，Indonesia，Malaysia，Myanmar，Laos，Nepal，Thailand，Vietnam

Iphita lycoides（Walker，1873）

Distribution. Philippines

Iphita nigris Ahmad & Abbas，1992

Distribution. India

Iphita rubricata albolutea Stehlík & Jindra，2008

Distribution. Malaysia

Iphita rubricata rubricata Stehlík & Jindra，2006

Distribution. India

Iphita varians varians（Breddin，1909）

Distribution. Indonesia

Iphita varians rubra Stehlík & Jindra，2008

Distribution. Indonesia

Genus *Jindraia* Stehlík，2006

Jindraia dimorphica Stehlík，2006

Distribution. India，Sikkim

Genus *Physopelta* Amyot & Serville，1843
Subgenus *Afrophysopelta* Stehlík，2013

Physopelta（*Afrophysopelta*）*analis*（Signoret，1858）

Distribution. Benin，Central African Republic，Democratic Republic of the Congo，Gabon，Ghana，Guinea，Ivory Coast，Nigeria，Republic of the Congo，Togo

Physopelta（*Afrophysopelta*）*flavofemoralis* Stehlík，2013

Distribution. Endemic on Island of Reunion

Physopelta（*Afrophysopelta*）*madecassa* Villiers，1951

Distribution. Comoros，Madagascar

Physopelta（*Afrophysopelta*）*melanoptera* Distant，1904

Distribution. Angola, Benin, Cameroon, Central African Republic, Chad, Comoros, Democratic Republic of the Congo, Tanganyika, Gabon, Ghana, Ivory Coast, Kenya, Malawi, Nigeria, Republic of the Congo, São Tomé and Principe, Senegal, Sierra Leone, Tanzania, Togo, Uganda, Zambia

Physopelta（*Afrophysopelta*）*rufialata* Cachan, 1952

Distribution. Madagascar

Subgenus *Neophysopelta* Ahmad & Abbas, 1987

Physopelta（*Neophysopelta*）*australis* Blöte, 1933

Distribution. Australia

Physopelta（*Neophysopelta*）*cincticollis* Stål, 1863

Distribution. China（Guangdong, Guizhou, Henan, Hubei, Hunan, Fujian, Jiangxi, Shandong, Shaanxi, Sichuan, Yunnan, Xizang, Zhejiang, Hainan, Taiwan）, Japan, Korea, India, Vietnam, Laos, Thailand, Malaysia, Indonesia

Physopelta（*Neophysopelta*）*confusa* Zamal & Chopra, 1990

Distribution. India

Physopelta（*Neophysopelta*）*dembickyi* Stehlík, 2013

Distribution. Thailand, Vietnam

Physopelta（*Neophysopelta*）*finisterrae* Stehlík & Kment, 2012

Distribution. Papua New Guinea

Physopelta（*Neophysopelta*）*gutta gutta*（Burmeister, 1834）

Distribution. Japan, Korea, China（Fujian, Guangdong, Guizhou, Hubei, Hunan, Jiangsu, Jiangxi, Sichuan, Yunnan, Xizang, Zhejiang, Hainan, Taiwan）, Afghanistan, Pakistan, India, Bhutan, Nepal, Sri Lanka, Bangladesh, Myanmar, Vietnam, Laos, Cambodia, Thailand,

Malaysia, Singapore, Brunei, Indonesia, Philippines

Physopelta (*Neophysopelta*) *gutta famelica* Stål, 1863

Distribution. Indonesia, New Guinea, Papua New Guinea, Australia

Physopelta (*Neophysopelta*) *indra* Kirkaldy & Edwards, 1902

Distribution. India, Sri Lanka, Myanmar, Laos

Physopelta (*Neophysopelta*) *kotheae* Stehlík & Jindra, 2008

Distribution. Indonesia

Physopelta (*Neophysopleta*) *lisae* Taeuber, 1927

Distribution. Philippines

Physopelta (*Neophysopelta*) *melanopyga melanopyga* Blöte, 1938

Distribution. Indonesia

Physopelta (*Neophysopelta*) *melanopyga rufifemur* Stehlík & Jindra, 2008

Distribution. Indonesia

Physopelta nigripes Stehlík, 2013

Distribution. Philippines

Physopelta (*Neophysopelta*) *parviceps* Blöte, 1931

Distribution. China (Taiwan), Japan

Physopelta (*Neophysopelta*) *parvula* Stehlík, 2013

Distribution. Vietnam

Physopelta (*Neophysopelta*) *quadriguttata* Bergroth, 1894

Distribution. China (Anhui, Fujian, Guangdong, Guangxi, Henan, Hubei, Hunan, Jiangxi, Sichuan, Yunnan, Xizang, Zhejiang, Hainan, Taiwan), Japan, India, Nepal, Thailand, Laos, Vietnam

Physopelta (*Neophysopelta*) *redeii* Stehlík, 2013

Distribution. Thailand

Physopelta (*Neophysopelta*) *roseni* Taeuber, 1927

Distribution. Philippines

Physopelta（*Neophysopelta*）*sita*（Kirby，1891）

Distribution. Sri Lanka

Physopelta（*Neophysopelta*）*slanbuschii*（Fabricius，1787）

Distribution. China（Guangdong，Guangxi，Yunnan，Hainan），Japan，Pakistan，India，Bhutan，Nepal，Bangladesh，Myanmar，Vietnam，Laos，Cambodia，Thailand，Malaysia

Physopelta（*Neophysopelta*）*sulawesiensis* Stehlík，2013

Distribution. Indonesia

Physopelta（*Neophysopelta*）*trimaculata* Stehlík & Jindra，2008

Distribution. India

Physopelta（*Neophysopelta*）*woodlarkiana*（Montrouzier，1855）

Distribution. Papua New Guinea

Subgenus *Physopelta* Amyot & Serville，1843

Physopelta（*Physopelta*）*albofasciata*（DeGeer，1773）

Distribution. Thailand，Malaysia，Indonesia，Philippines

Physopelta（*Physopelta*）*biguttata* Stål，1870

Distribution. Philippines

Physopelta（*Physopelta*）*robusta* Stål，1863

Distribution. China（Guangdong，Guangxi，Yunnan，Hainan），Vietnam，Laos，Thailand，Malaysia

Subgenus *Physopeltoides* Stehlík，2013

Physopelta（*Physopeltoides*）*dentipes* Stehlík，2013

Distribution. Cameroon，Central African Republic，Democratic Republic of the Congo，Gabon，Guinea，Ivory Coast，Malawi，Nigeria，Rwanda，

Sierra，Leone，Uganda，Zambia，Zimbabwe

Genus *Riegeriana* Stehlík & Kment，2014

Riegeriana apicalis（Walker，1873）

Distribution. India

Genus *Taeuberella* Schmidt，1932

Taeuberella papuensis Schmidt，1932

Distribution. New Guinea

Taeuberella hirta（Blöte，1933）

Distribution. Australia

Genus *Wachsiella* Schmidt，1931（*incertae sedis*）

Wachsiella horsti Schmidt，1931

Distribution. Indonesia

Tribe Kmentiini Stehlík，2013
Genus *Kmentia* Stehlík，2013

Kmentia festiva（Fabricius，1803）

Distribution. Angola，Benin，Cameroon，Central African Republic，Democratic Republic of the Congo，Gabon（new record），Ghana，Guinea，Ivory Coast，Kenya，Malawi，Mozambique，Niger，Nigeria，Republic of the Congo，Sierra Leone，Tanzania，Togo，Uganda，Zambia

Tribe Lohitini Ahmad & Abbas，1987
Genus *Macrocheraia* Guérin-Méneville，1835

Macrocheraia grandis（Gray，1832）

Distribution. China（Yunnan，Zhejjian，Hainan，Fujian），India，

Bangladesh, Philippines, Indonesia (Sumatra)

Family Pyrrhocoridae Amyot & Serville, 1843
Genus *Abulfeda* Distant, 1909

Abulfeda assamensis Ahmad & Abbas, 1989

Distribution. Assam

Abulfeda indicus Ahmad & Abbas, 1989

Distribution. south India

Abulfeda pakistanensis Ahmad & Abbas, 1989

Distribution. Pakistan

Abulfeda punctatus Distant, 1909

Distribution. Ceylon

Genus *Aderrhis* Bergroth, 1906

Aderrhis africana (Courteaux, 1908)

Distribution. Ethiopia, Kenya, Uganda, Abyssinia

Aderrhis apicalis (Reuter, 1882)

Distribution. Ghana

Aderrhis erebus (Distant, 1909)

Distribution. India: United Provinces, Ceylon

Aderrhis flavipes Stehlík, 1966

Distribution. Uganda

Aderrhis hirsuta Stehlík, 1966

Distribution. Senegal

Aderrhis minuta Stehlík, 1966

Distribution. South Africa

Aderrhis pakistanensis (Ahmad & Abbas, 1986)

Distribution. Afghanistan, Iran, Pakistan

Aderrhis pulla Bergroth, 1906

Distribution. Namibia, South Africa, Zanzibar, Pemba Island

Aderrhis schulzii (Schouteden, 1910)

Distribution. Tanzania, Kenya

Aderrhis tartarea (Stål, 1855)

Distribution. Democratic Republic of Congo, Ethiopia, Namibia, South Africa, Tanzania

Aderrhis thoracica Stehlík, 1965

Distribution. Kenya, Tanzania

Aderrhis truncatipennis (Fallou, 1891)

Distribution. Kibunda (Democratic Republic of Congo: Kikwit prov. or Burundi), Zambia

Genus *Aeschines* Stål, 1863

Aeschines bucculatus Stål, 1863

Distribution. Malacca (Perak), Sumatra (Kepahiang), Borneo, Banguey, Pulo Laut

Genus *Antilochus* Stål, 1863

Antilochus (*Antilochus*) *angustus* Stehlík, 2009

Distribution. Indonesia: Buton Island

Antilochus (*Antilochus*) *sulawesiensis* Stehlík, 2009

Distribution. Indonesia: Sulawesi

Antilochus (*Antilochus*) *webbi* Stehlík, 2009

Distribution. Southern India

Antilochus (*Neaeretus*) *boerhaviae* (Fabricius, 1794)

Distribution. Boerhavia, British East Africa, Cameroon, Congo (Brazzaville), Democratic Republic of Congo, Gabon, Guinea Nigeria, Senegal, Sudan, Congo, Victoria Cameroon, Staudinger, Gabun Staudinger

Antilochus (*Neaeretus*) *distantii* (Reuter, 1887)

Distribution. Madagascar

Antilochus (*Neaeretus*) *kmenti* Stehlík, 2009

Distribution. Angola, Burundi, Democratic Republic of the Congo, Tanzania

Antilochus (*Neaeretus*) *nigrocruciatus* (Stål, 1855)

Distribution. Kenya, South Africa (Natal, Caffraria)

Antilochus (*Neaeretus*) *pterobrachys* Stehlík & Kment, 2011

Distribution. Tanzania

Antilochus (*Neaeretus* ?) *violaceus* (Carlini, 1892)

Distribution. Somalia

Antilochus (*Neaeretus*) *similis* Stehlík, 2009

Distribution. Côte d.Ivoire, Democratic Republic of the Congo, Cameroon, Uganda

Antilochus amorosus Breddin, 1909

Distribution. Ceylon

Antilochus arcifer Bergroth, 1920

Distribution. Congo, Cameroon, Calabar, Ivory Coast

Antilochus bicolor Lethierry, 1888

Distribution. Banguey, Nias, Sumatra, Sumatra Muller, Sumatra, Moeara Lamboe, Resid, Tapanoeli, Padang Siempoean, Bengkoelen, Sumatra, Tandjong Morawa Serdang Sumata, between Serdang and the Toba-lake, Boeo Highlands of Pang, Banjoewangi Java, Timor Muller

Antilochus bipunctatus Signoret, 1861

Distribution. Madagascar, Mayotte

Antilochus coloratus（Walker, 1872）

    Distribution. Java, Ceram

Antilochus coloratus scutifer（Walker, 1873）

    Distribution. Java, Dodinga Halmaheira Bernstein, N. E. Halmaheira Bernstein, Gebeh Bernstein, Bernstein, Moluccas Hekmeyer, N. Guinea（or N. Celebes ? ）

Antilochus coquebertii（Fabricius, 1803）

    Distribution. Andaman Isl., Assam, Bengal, Calcutta, Ceylon, China（Guizhou, Guangxi, Jiangsu, Hainan, Yunnan, Taiwan）, Deccan, Kashmir, India, Myanmar, Malacca, Indonesia, Sri Lanka, Tranquebaria, Tenasserim, Vietnam, Java, Nana Raoen, Borneo Muller, Borneo Sintang, Wetter, Makassar Celebes

Antilochus discifer Stål, 1863

    Distribution. Borneo, Celebes, Gilolo, Java, Nias, Palawan, Sumbawa, Sumatra, Sumatra Muller, Sumatra Batang Karang, Sumatra Sidempoean, Sumatra Loeboe Gadang, Sumatra Rawas, Sumatra Sipirok Tapanoeli, Padang Sidempoean, Tandjong Morawa Serdang Sumatra, between Serdang and the Toba-lake, Solok Padang, Nias, Borneo, Banjoewangi Java, Batavia, Java, Soembawa, Timor, Wetter, N. Celebes（or N. Guinea ? ）, Sangir, Lombok, Dutch Indies

Antilochus discifer var. *rufifemoratus* Blöte, 1931

    Distribution. Saleyer

Antilochus discoidalis（Burmeister, 1834）

    Distribution. Philippines

Antilochus discoidalis var. *angulifer*（Walker, 1873）

Distribution. Ceram, Sumatra, Banda Islands, Makasser, Celebes

Antilochus distanti var. *nigricollis* Cachan, 1952

Distribution. Madagascar

Antilochus distanti var. *decolor* Cachan, 1952

Distribution. Madagascar

Antilochus grelaki Schmidt, 1932

Distribution. Sumba (Grelak S.), Adenare, Java

Antilochus histrionicus Stål, 1863

Distribution. Celebes, Ceram, Key Islands, Moluccas, Timor, Wetter, Lombok

Antilochus histrionicus var. *stali* Schmidt, 1932

Distribution. Timor

Antilochus histrionicus var. *dohrni* Schmidt, 1932

Distribution. Timor

Antilochus histrionicus var. *marthensi* Schmidt, 1932

Distribution. Timor

Antilochus immundulus Breddin, 1901

Distribution. Damma Island

Antilochus kubani Stehlík, 2005

Distribution. Laos

Antilochus latiusculus Blöte, 1931

Distribution. Timor, Wetter Isl., Tenimber

Antilochus lineatipes (Stål, 1858)

Distribution. Ceylon, Southern India

Antilochus maximus Breddin, 1900

Distribution. Palawan, Mindanao, Sumatra

Antilochus nigripes（Burmeister，1835）

> **Distribution**. Assam, Ceylon, China（Guangxi, Guangdong, Hainan, Yunnan）, India, Indonesia, Myanmar, Malaysia, Philippines, Sri Lanka, Sumatra, Tenasserim

Antilochus pygmaeus Distant，1903

> **Distribution**. Ceylon

Antilochus reflexus Stål，1863

> **Distribution**. Aru Islands, Moluccas: Wagiou, Mysol, New Guinea, Key Islands, Waigeoe, Salawatti, New Guinea, Mefoor N. Guinea, Andai N. Guinea

Antilochus russus Stål，1863

> **Distribution**. Assam, China（Yunnan）, Bhutan, India, Malacca, Malay Islands, Myanmar, Sikkim, Tenasserim, Vietnam

Antilochus astridae Schouteden，1933

> **Distribution**. Indonesia

Antilochus submaculatus Kirkby 1896（ =*Antilochus boerhaviae* ? queried in Robertson，2004）

> Distribution. Africa

Genus *Armatillus* Distant，1908

Armatillus orthocephaloides（Breddin，1912）

> **Distribution**. Malaysia, Indonesia

Armatillus glebulus（Breddin，1909）

> **Distribution**. Ceylon

Armatillus timarchulus（Breddin，1912）

> **Distribution**. Madras

Armatillus verrucosus Distant，1908

Distribution. Burma

Armatillus verticalis Hsiao，1964

Distribution. China（Yunnan，Hubei）

Armatillus sulawesiensis Stehlík & Jindra，2008

Distribution. Indonesia，central Sulawesi

Genus *Australodindymus* Stehlík & Jindra，2012

Australodindymus nigroruber Stehlík & Jindra，2012

Distribution. Australia（Pilbara）

Genus *Brancucciana* Ahmad & Zaidi，1986
Subgenus *Brancucciana* Ahmad & Zaidi，1986

Brancucciana（*Brancucciana*）*bhutanensis* Ahmad & Zaidi，1986

Distrbution. Bhutan

Brancucciana（*Brancucciana*）*gestroi*（Distant，1903）

Distribution. Burma

Brancucciana（*Brancucciana*）*constanti*（Stehlík & Jindra，2006）

Distribution. Thailand

Brancucciana（*Brancucciana*）*rufa*（Hsiao，1964）

Distribution. China（Yunnan）

Brancucciana（*Brancucciana*）*sinuaticollis*（Liu，1987）

Distribution. China（Yunnan）

Subgenus *Rubriascopus* Stehlík & Jindra，2006

Brancucciana（*Rubriascopus*）*pygmaea*（Distant，1903）

Distribution. Kerala，Tamil Nadu，Assam

Brancucciana（*Rubriascopus*）*orientalis* Stehlík & Jindra, 2008

　Distribution. Indonesia, Philippines

Genus *Callibaphus* Stål, 1868

Callibaphus albipennis Distant, 1914

　Distribution. Kenya, Uganda

Callibaphus gigas Bergroth, 1906

　Distribution. Comoro Isl.

Callibaphus longirostris（Drury, 1782）

　Distribution. Cameroon, Congo（Brazzaville）,（probably）Comoro Islands, Guinea, Nigeria, Sierra Leone, Tanzania, Togo, Victoria Cameroon

Genus *Cenaeus* Stål, 1861

Cenaeus abortivus Gerstäcker, 1873

　Distribution. Zanzibar, Ethiopia, Kenya, Rwanda, Tanzania, Zambia

Cenaeus annulifer Bergroth, 1912

　Distribution. Congo（Brazzaville）, Guinea, Ivory Coast

Cenaeus apicicornis（Fairmaire, 1858）

　Distribution. Guinea, Gabon, Cameroon, Sissanto S. W. Africa, Gabon, Cameroon

Cenaeus argillosus Bergroth, 1912

　Distribution. Dahomey, Madagascar

Cenaeus basilewskyi Stehlík, 1965

　Distribution. Sudan, Tanzania

Cenaeus bifasciatus Haglund, 1895

　Distribution. Cameroon, Congo（Brazzaville）, Fernando Poo, Gabon

Cenaeus carnifex（Fabricius, 1775）

Distribution. South Africa, Cape of Good, Hope, Rio Janeiro, Java

Cenaeus dimidiaticeps Bergroth, 1894

Distribution. Cameroon, Camerun, Congo (Brazzaville), Democratic Republic of Congo, Gabon

Cenaeus gowdeyi Bergroth, 1912

Distribution. Uganda, Belgian, Congo

Cenaeus kilimanus Schouteden, 1910

Distribution. Kenya

Cenaeus longulus Bergroth, 1894

Distribution. Gabon

Cenaeus luridus Reuter, 1882

Distribution. Gold Coast

Cenaeus pectoralis (Stål, 1855)

Distribution. Southern Abyssinia, Mozambique, Natal, Ethiopia, South Africa

Cenaeus plebejus Haglund, 1895

Distribution. Cameroon

Cenaeus sanguinolentus Haglund, 1895

Distribution. Cameroon

Cenaeus semiflavus Distant, 1902

Distribution. Democratic Republic of Congo, Rwanda, Uganda

Cenaeus sjöstedti Schouteden, 1910

Distribution. Kenya

Cenaeus suspectus Schouteden, 1957

Distribution. Democratic Republic of Congo

Cenaeus usambarae Schouteden, 1910

Distribution. Usambara

Genus *Courtesius* Distant 1903

Courtesius illuminatus Distant，1903

Distribution. Mayanmar，India

Courtesius nepalensis Stehlík，2003

Distribution. Nepal

Courtesius pakistanensis Ahmad & Zaidi，1990

Distribution. Pakistan

Courtesius quinquisignatus Blöte，1933

Distribution. India

Courtesius stysi Ahmad & Zaidi，1990

Distribution. India：Madhya Pradesh

Genus *Damascarga* Stehlík，1980

Damascarga carayoni Stehlík，1980

Distribution. Ethiopian region

Damascarga flavoscutellaris Stehlík，1980

Distribution. Ethiopian region

Damascarga kerzhneri Stehlík，1980

Distribution. Ethiopian region

Damascarga kerzhneri ampliata Stehlík，1980

Distribution. Ethiopian region

Damascarga pauliani Stehlík，1980

Distribution. Ethiopian region

Damascarga villiersi Stehlík，1980

Distribution. Ethiopian region

Genus *Dermatinus* Stål, 1853

Dermatinus aethiopicus Lethierry, 1883

Distribution. Ethiopia

Dermatinus apicalis Reuter, 1882

Distribution. Gold Coast

Dermatinus distinctus Schouteden, 1910

Distribution. Kilimanjaro

Dermatinus erebus Distant, 1909

Distribution. India: United Provinces, Ceylon

Dermatinus limbifer Stål, 1855

Distribution. Mozambique, Natal, Transvaal, Democratic Republic of Congo, Mozambique, Namibia, South Africa

Dermatinus lugens Stål 1854

Distribution. South Africa, Cape of Good, Hope

Dermatinus lugubris Distant, 1903

Distribution. Madras, Bengal

Dermatinus notatus Wallengren, 1875

Distribution. South Africa, Transvaal

Dermatuuus pakistanensis Ahmaj & Abbas, 1986

Distribution. Pakistan

Dermatinus schulzii Schouteden, 1910

Distribution. Usambara

Dermatinus tartareus Stål, 1855

Distribution. Southern Abyssinia, Kenya, Natal

Genus *Dindymus* Stål, 1861

Subgenus *Limadindymus* Stehlík, 2006

Dindymus (*Limadindymus*) *brunneus* Stehlík, 2005

Distribution. New Guinea (Irian Jaya)

Dindymus (*Limadindymus*) *dispersus* Stehlík, 2006

Distribution. Papua New Guinea

Dindymus (*Limadindymus*) *guentheri* Stehlík & Jindra, 2007

Distribution. New Guinea

Dindymus (*Limadindymus*) *kotheae* Stehlík, 2005

Distribution. New Guinea (Irian Jaya)

Dindymus (*Limadindymus*) *montanellus* Stehlík, 2005

Distribution. New Guinea (Irian Jaya)

Dindymus (*Limadindymus*) *nitidiventris* Stehlík & Jindra, 2007

Distribution. New Guinea

Dindymus (*Limadindymus*) *riedeli* Stehlík, 2005

Distribution. New Guinea (Irian Jaya)

Dindymus (*Limadindymus*) *schoenitzeri* Stehlík, 2005

Distribution. New Guinea (Irian Jaya)

Subgenus *Dindymus* Stål, 1861

Dindymus (*Dindymus*) *albomarginatus* Stehlík & Jindra, 2007

Distribution. New Guinea

Dindymus (*Dindymus*) *bifurcatus* Stehlík & Jindra, 2006

Distribution. India (Kerala, Tamil Nadu, Orissa, Meghalaya) and Malaysia (North Kalimantan: Sabah)

Dindymus (*Dindymus*) *baliensis* Stehlík & Jindra, 2008

Distribution. Indonesia, Bali

Dindymus（*Dindymus*）*chinensis* Stehlík & Jindra, 2006

Distribution. Central and East China（Hubei, Shaanxi, Fujian）

Dindymus（*Dindymus*）*constanti* Stehlík & Jindra, 2006

Distribution. Malaysia

Dindymus（*Dindymus*）*dembickyi* Stehlík, 2006

Distribution. India（Sikkim, Nagaland, Meghalaya）, Upper Burma

Dindymus（*Dindymus*）*flavinotum* Stehlík, 2013

Distribution. Thailand

Dindymus（*Dindymus*）*lautereri* Stehlík, 2006

Distribution. Indonesia（Mentawei, Siberut Isl.）

Dindymus（*Dindymus*）*malayensis* Stehlík, 2006

Distribution. Malay Peninsula（Cameron Highlands, Pahang, Perak）

Dindymus（*Dindymus*）*nigriventris* Stehlík, 2013

Distribution. Vietnam

Dindymus（*Dindymus*）*nitidicollis* Stehlík, 2006

Distribution. Indonesia

Dindymus（*Dindymus*）*punctithorax* Stehlík, 2006

Distribution. Indonesia（Irian Jaya）

Dindymus（*Dindymus*）*rubricus* Stehlík, 2013

Distribution. Indonesia（East Kalimantan）

Dindymus（*Dindymus*）*rubriventris* Stehlík, 2006

Distribution. Vanuatu

Dindymus（*Dindymus*）*seminiger* Blöte, 1931

Distribution. Kalimantan（Malaysia: Sabah）, Sumatra

Dindymus（*Dindymus*）*sundaensis* Stehlík & Jindra, 2008

Distribution. Indonesia, Little Sunda, Alor Island

Dindymus（*Dindymus*）*wynigerae* Stehlík & Jindra, 2006

Distribution. Indonesia（Flores Island）

Subgenus *Pseudodindymus* Stehlík, 2009

Dindymus（*Pseudodindymus*）*albicornis albicornis*（Fabricius, 1803）

Distribution. China ?, Myanmar, Philippines, Thailand, Malaysia, Indonesia

Dindymus（*Pseudodindymus*）*albicornis siberutensis* Stehlík & Jindra, 2008

Distribution. Indonesia（Mentawai Islands: Siberut and Nias）

Dindymus（*Pseudodindymus*）*stysi* Stehlík & Jindra, 2008

Distribution. Indonesia（Butung Island）

Dindymus（*Pseudodindymus*）*sandakan* Stehlík, 2009

Distribution. Malaysia（Sabah）, Indonesia

Dindymus（*Pseudodindymus*）*daiacus* Breddin, 1901

Distribution. Malaysia（Sabah: North Kalimantan）, Banggi Island, Philippines（Palawan）, Banguey near Borneo

Dindymus（*Pseudodindymus*）*limbaticollis* Breddin, 1901

Distribution. Indonesia（Sulawesi）

Dindymus（*Pseudodindymus*）*pulcher* Stål, 1863

Distribution. Philippines（Luzon, Bohol, Masbate, Panay）

Dindymus（*Pseudodindymus*）*semirufus* Stål, 1863

Distribution. Cambodia, Thailand

Dindymus（*Pseudodindymus*）*talaudensis* Stehlík & Jindra, 2006

Distribution. Indonesia（Talaud Islands）

Dindymus（*Pseudodindymus*）*vinulus* Stål, 1863

Distribution. Philippines（Leyte，Basilan，Leyte，Mindanao，Siargao）

Dindymus（*Pseudodindymus*）*vinulusoides* Stehlík，2013

　　Distribution. Malaysia（Kalimantan：Sarawak）

Subgenus *Anthridindymus* Stehlík，2006

Dindymus（*Anthridindymus*）*browni*（Stehlík，1965）

　　Distribution. Solomon Islands

Dindymus（*Anthridindymus*）*izzardi*（Stehlík，1965）

　　Distribution. Solomon Islands

Dindymus（*Anthridindymus*）*megalopygus*（Stehlík，1965）

　　Distribution. Solomon Islands

Dindymus（*Anthridindymus*）*violaceus*（Montrouzier，1855）

　　Distribution. Woodlark Islands .

Dindymus（*Anthridindymus*）*bougainvillensis* Stehlík，2006

　　Distribution. Solomon Islands

Dindymus（*Anthridindymus*）*flammeolus*（Distant，1901）

　　Distribution. New Guinea

Dindymus（*Anthridindymus*）*webbi* Stehlík，2006

　　Distribution. Solomon Islands

Subgenus *Cornidindymus* Stehlík，2005

Dindymus（*Cornidindymus*）*camelus* Stehlík & Jindra，2007

　　Distribution. New Guinea

Dindymus（*Cornidindymus*）*schuhi* Stehlík & Jindra，2007

　　Distribution. New Guinea

Dindymus（*Cornidindymus*）*griseus* Stehlík，2006

　　Distribution. Dutch New Guinea（Irian Jaya，Jayapura）

Dindymus（*Cornidindymus*）*kokadanus* Stehlík，2006

    Distribution. Papua（Northern Prov.，Owen Stanley Range）

NO Subgenus division below:

Dindymus atritarsis Blöte，1931

    Distribution. Morotai

Dindymus abdominalis（Distant，1914）

    Distribution. Dutch New Guinea

Dindymus amboinensis（Fabricius，1803）

    Distribution. Moluccas：Ternate，Amboina，Celebes

Dindymus bicolor Herrich-Schäeffer，1840

    Distribution. Java，Burma，Timor

Dindymus bipustulatus Stål，1874

    Distribution. Zanzibar

Dindymus brevis Blöte，1931

    Distribution. China（Taiwan）

Dindymus buruensis Blöte，1938

    Distribution. Buruana

Dindymus cenaeus Distant，1902

    Distribution. Southern India

Dindymus circumcinctus Stål，1863

    Distribution. Queensland，New South Wales

Dindymus circumcinctus tristis Mayr，1868

    Distribution. New South Wales

Dindymus clarus Walker，1873

    Distribution. Celebes

Dindymus costalis（Walker，1873）

Distribution. Celebes，Fakfak N. W. Papua

Dindymus croesus Distant，1914

Distribution. New Guinea

Dindymus crudelis Stål，1863

Distribution. Celebes

Dindymus debyi Lethierry，1885

Distribution. Sumatra，Borneo，Banguey，Palawan

Dindymus decisus Walker，1873

Distribution. New Guinea

Dindymus decolor Breddin，1900

Distribution. New Guinea

Dindymus famosus Distant，1901

Distribution. Duke of York Island，New Britain

Dindymus fecialis Stål，1863

Distribution. Philippines，Luzon

Dindymus flavipennis Blöte，1931

Distribution. Manokwari，New Guinea

Dindymus flavipes（Signoret，1858）

Distribution. Ivory Coast，Guinea，Gabon，Madagascar

Dindymus grandis Stehlík 2005

Distribution. Laos

Dindymus imitator Walker 1873

Distribution. Laos

Dindymus intermedius Walker，1873

Distribution. Mysol

Dindymus lanius Stål, 1863

Distribution. Assam, Myanmar, China（Guizhou, Hubei, Sichuan, Zhejiang, Fujian, Yunnan）, India

Dindymus longicollis Blöte, 1931

Distribution. Nias

Dindymus medogensis Liu, 1981

Distribution. China（Xizang）

Dindymus minutus Blöte, 1933

Distribution. Queensland

Dindymus multidentatus Stehlík, 2005

Distribution. Laos

Dindymus mundus（Stål, 1863）

Distribution. Philippines

Dindymus natalensis Distant, 1902

Distribution. Natal

Dindymus nigellus Distant, 1888

Distribution. New Guinea

Dindymus nigriceps（Stål, 1855）

Distribution. Natal

Dindymus obesus Distant, 1901

Distribution. Sumatra

Dindymus obscurus Blöte, 1931

Distribution. Java

Dindymus ovalis Stål, 1863

Distribution. India

Dindymus pectoralis Schmidt, 1932

Distribution. Australien

Dindymus pyrochrous（Boisduval，1835）

Distribution. Moluccas, Kei Isl., Aru Isl., New Guineai, New Britain, Waigeoe, Mefoor, New Guinea, Fakfak N. W. Papua, Mansinam S. W. New Guinea, Skroe New Guinea

Dindymus pyrochrous var. *nigricollis* Stål，1870

Distribution. New Guinea, Waigeoe, Andai New Guinea

Dindymus pyrochrous var. *basifer* Walker，1873

Distribution. Moluccas, Dodinga, Halmaheira

Dindymus pyrochrous var. *rufibasis* Blöte，1931

Distribution. Gebeh

Dindymus relatus Distant，1902

Distribution. Tanganyika

Dindymus rubiginosus（Fabricius，1787）

Distribution. China（Guangxi, Hainan, Yunnan, Xizang, Taiwan）, India, Myanmar, Indonesia, Assam, Tenasserim, Malabar, Sumatra, Java, Lombok, Sylhet, Soepajang Sumatra, Moeara Lamboe Sumatra, Palembang highlands Sumatra, Soeroelangoen Sumatra, Koetoer Sumatra, Solok Sumatra, Rawas Sumatra, Misauw Sumatra, Koetoer Sumatra, Tapanoeli Sumatra, Western coast of Sumatra, Eastern coast of Sumatra, Serdang N. E. Sumatra, Baso Western coast of Sumatra, Anai cleft Western coast of Sumatra, Soekadana Lampong, BoengaMas Palembang, Sipirok, Tapanoeli, Padang Sidempoean, Timbang Langkat, Deli, Widjoeno Atjeh Deli, Padang Sidempoean, Tandjong Morawa Serdang, between Serdang and the Toba-lake, Toba-lake, Fort de Kock, Serdang, Fort de Kock Loeboeksikaping, Fort de Kock, Solok, Poeloe Weh, Nias, Java,

Malang, Batavia, Banjoewangi Java, Timor Tondano, Dutch Indie, Panenggahan forest

Dindymus rubiginosus var. *subsanguineus* Blöte, 1931

Distribution. Nias, Lelenoea Mas

Dindymus rubiginosus var. *geniculatus* Breddin, 1901

Distribution. Celebes, China (Taiwan), Goeroepahi N. Celebes

Dindymus sanguineus (Fabricius, 1794)

Distribution. China (Guangdong, Hainan, Guangxi, Yunnan, Islands of the southeast coast of China, HongKong), India, Myanmar, Indonesia, Assam, Siam. Sumatra, Moeara Lamboe Sumatra, Rawas Sumatra, Padang Sidempoean Tandjong Morawa Serdang, Between Serdang and the Toba-lake, Solok Padang, Poeloe Weh, Borneo, Kapoeas Borneo, Upper Mahakkam, Bloeoe, Banguey near Borneo, S. Palawan

Dindymus rutilans Walker, 1873

Distribution. Siam

Dindymus seminiger Blöte, 1931

Distribution. Sumatra

Dindymus seminiger var. *univittatus* Blöte, 1931

Distribution. Sumatra

Dindymus sphaerocephalus Stål, 1863

Distribution. Philippines, Luzon, Manilla

Dindymus straeleni Schouteden, 1933

Distribution. Irian Jaya (New Guinea)

Dindymus rubiginosus subsanguineus Blöte, 1931

Distribution. Nias, Lelenoea

Dindymus triangulifer Blöte, 1931

Distribution. Timor

Dindymus sphaerocephalus meridionalis Taeuber，1927

Distribution. Philippines

Dindymus thunbergi（Stål，1855）

Distribution. Madras，Sumatra，Java，Moluccas，Philippines

Dindymus seminiger var. univittatus Blöte，1931

Distribution. Sumatra，Sipirok，Sipirok，Solok

Dindymus variabilis（Stål，1871）

Distribution. Philippines，Mindanao

Dindymus venustus Stål，1863

Distribution. Philippines，Mindanao

Dindymus ventralis Mayr，1866

Distribution. New Holland，Philippines，At sea near Caroline Isl.，Australia

Dindymus versicolor（Herrich-Schäeffer，1850）

Distribution. Australia，Tasmania，New Zealand，N. S. Wales

Genus *Dynamenais* Kirkaldy，1905

Dynamenais venusta（Walker，1873）

Distribution. New Guinea，New Britain

Genus *Dysdercus* Guérin-Méneville，1831
Subgenus *Dysdercus* Guérin-Méneville，1831

Dysdercus affinis Blöte，1933

Distribution. Lower Amazon，Parintins

Dysdercus falcatus Blöte，1933

Distribution. Mexiko：Chiapas

Dysdercus（*Dysdercus*）*albofasciatus* Berg，1878

Distribution. Argentina, Brazil, Minas Geraes, Misiones, Paraguay, Uruguay

Dysdercus (*Dysdercus*) *albomaculatus* Doesburg, 1968

Distribution. Bolivia.

Dysdercus (*Dysdercus*) *andreae* (Linnaeus, 1758)

Distribution. Antigua, Bahamas, Cuba, Florida, Guadeloupe, Haiti, Hispaniola, Jamaica, Lesser Antilles, Montserrat, Nevis, Porto Rico, Puerto Rico, St. Kitts, St. John, Trinidad, Virgin Isl.

Dysdercus (*Dysdercus*) *antennatus* Distant, 1881

Distribution. Calabar

Dysdercus (*Dysdercus*) *basialbus basialbus* Schmidt, 1932

Distribution. Colombia, Honduras, Panama

Dysdercus (*Dysdercus*) *basialbus silaceus* Doesburg, 1968

Distribution. Bolivia, Colombia, Ecuador, Peru

Dysdercus (*Dysdercus*) *bidentatus* Hussey, 1927

Distribution. Guatemala, Honduras, Costa Rica, Panama

Dysdercus (*Dysdercus*) *biguttatus* (Walker, 1873)

Distribution. North Australia

Dysdercus (*Dysdercus*) *bimaculatus* (Stål, 1854)

Distribution. British Honduras, Costa Rica, Colombia, Ecuador, El Salvador, Guatemala, Honduras, Mexico, Nicaragua, Panama, Venezuela, USA

Dysdercus (*Dysdercus*) *bloetei* Doesburg, 1968

Distribution. Ecuador

Dysdercus (*Dysdercus*) *capensis* (Wolfif, 1802)

Distribution. Cape of Good, Hope

Dysdercus (*Dysdercus*) *cardinalis* Gerstäcker, 1873

Distribution. Abyssinia, Eritrea, Kenya, Tanganyika, Somaliland, Tropical Africa (Sudon to Tanzania), Yemen, Zanzibar

Dysdercus (Dysdercus) caribbaeus Distant, 1901

Distribution. Antilles

Dysdercus (Dysdercus) chaquensis Freiberg, 1948

Distribution. Argentina, Bolivia, Brazil, Ecuador, Paraguay

Dysdercus (Dysdercus) chiriquinus Distant, 1883

Distribution. British Honduras, Colombia, Costa Rica, Honduras, Guatemala, Panama, Mexico, Venezuela

Dysdercus (Dysdercus) clarki Distant, 1902

Distribution. Rio Janeiro

Dysdercus (Dysdercus) collaris Blöte, 1931

Distribution. Colombia, Venezuela

Dysdercus (Dysdercus) coloratus Walker, 1872= *Antilochus coloratus* (Walker, 1872)(Blöte, 1931)

Distribution. Java, Ceram

Dysdercus columbicus Blöte, 1931

Distribution. Columbia

Dysdercus (Dysdercus) concinnus concinnus Stål, 1861

Distribution. British Honduras, Guatemala, El Salvador, Honduras, Mexico, Nicaragua, Panama, USA

Dysdercus (Dysdercus) concinnus flavoscutellatus Schmidt, 1932

Distribution. Colombia, Venezuela

Dysdercus (Dysdercus) concinnus maritimus Doesburg, 1968

Distribution. Venezuela

Dysdercus (Dysdercus) concinnus mundus Walker, 1872

Distribution. Ecuador, Mexico

Dysdercus (*Dysdercus*) *concinnus pehlkei* Schmidt, 1932

Distribution. Costa Rica, Colombia, Panama, Venezuela

Dysdercus (*Dysdercus*) *concinnus rufipes* Stål, 1870

Distribution. Colombia

Dysdercus (*Dysdercus*) *cordillerensis* Doesburg, 1968

Distribution. Peru

Dysdercus (*Dysdercus*) *cruciatus* (Montrouzier, 1855)

Distribution. Woodlark Isl., New Guinea, Murray Isl.

Dysdercus (*Dysdercus*) *crucifer* Stål, 1870

Distribution. Pulo Laut, Philippines, Japan, Riu Kiu Isl., China (Taiwan)

Dysdercus (*Dysdercus*) *fasciatus* Signoret, 1861

Distribution. Sierra Leone, Kenya, Congo, Tanganyika, Terr., Zanzibar, Mozambique, Seychelles, Madagascar, Angola, Malawi, Nigeria, Tanzania, Uganda, Zambia, Zimbabwe, Madagascar, Aldabra I., Cosmoledo I., Astowe I., Egypt

Dysdercus (*Dysdercus*) *fernaldi fernaldi* Ballou, 1906

Distribution. Lesser Antilles, Grenada

Dysdercus (*Dysdercus*) *fernaldi fuscofasciatus* Blöte, 1931

Distribution. Brazil, British Guiana, French Guiana, Suriname, Venezuela

Dysdercus (*Dysdercus*) *fervens* Walker, 1872

Distribution. Haiti

Dysdercus (*Dysdercus*) *flavidus* Signoret, 1861

Distribution. Abyssinia, Kenya, Madagascar, Mauritius, Mayotte, Rodriguez

Dysdercus (*Dysdercus*) *flavolimbatus flavolimbatus* Stål, 1861

Distribution. British Honduras, Costa Rica, Guatemala, Honduras,

Mexico, Panama

Dysdercus（*Dysdercus*）*flavolimbatus oncopeltus* Distant, 1883

Distribution. Panama

Dysdercus（*Dysdercus*）*flavolimbatus* Stål, 1861

Distribution. Costa Rica, Guatemala, Honduras, Mexico

Dysdercus（*Dysdercus*）*fulvoniger discolor* Walker, 1872

Distribution. Barbados, Dominica, Grenadines, Grenada, Guadeloupe, Lesser Antilles, Martinique, Montserrat, St. Lucia, St. Vincent

Dysdercus（*Dysdercus*）*fulvoniger fulvoniger*（De Geer, 1773）

Distribution. Brazil, British Guiana, Suriname, Trinidad, Venezuela

Dysdercus（*Dysdercus*）*fulvoniger modestus* Doesburg, 1968

Distribution. Aruba, Curacao

Dysdercus（*Dysdercus*）*goyanus* Doesburg, 1968

Distribution. Brazil

Dysdercus（*Dysdercus*）*honestus* Blöte, 1931

Distribution. Argentina, Bolivia, British Guiana, Brazil, Colombia, Paraguay, Peru, Suriname, Venezuela

Dysdercus（*Dysdercus*）*howardi* Ballou, 1906

Distribution. Trinidad

Dysdercus（*Dysdercus*）*imitator* Blöte, 1931

Distribution. Argentina, Bolivia, Colombia, Ecuador, Peru, Venezuela

Dysdercus（*Dysdercus*）*immarginatus* Blöte, 1931

Distribution. Argentina, Brazil, Colombia, Paraguay, Peru, Trinidad, Venezuela

Dysdercus（*Dysdercus*）*imitator pseudoannulus* Blöte, 1931

Distribution. Bolivia, Peru

Dysdercus (*Dysdercus*) *imitator pseudoruficollis* Blöte, 1931

Distribution. Peru

Dysdercus (*Dysdercus*) *impictiventris* Stål, 1870

Distribution. Fiji Isl.

Dysdercus incarnatus Blöte, 1931

Distribution. Celebes

Dysdercus (*Dysdercus*) *insularis* Stål, 1870

Distribution. Fiji Isl.

Dysdercus (*Dysdercus*) *jamaicensis* Walker, 1872

Distribution. Jamaica

Dysdercus (*Dysdercus*) *jamaicensis jindrai* Stehlík, 2013

Distribution. Caribbean Sea Region, Dominican Republic

Dysdercus jacobsoni Blöte, 1931

Distribution. Sangi, Simaloer

Dysdercus (*Dysdercus*) *konowi* Puton, 1887

Distribution. Locality unknown

Dysdercus (*Dysdercus*) *longirostris* Stål, 1861

Distribution. Brazil

Dysdercus (*Dysdercus*) *lunulatus* Unler, 1861

Distribution. British Honduras, Centr. America, Costa Rica, Colombia, Galapagos Isl., Guatemala, Honduras, Mexico, Panama

Dysdercus (*Dysdercus*) *maurus* Distant, 1901

Distribution. Argentina, British Guiana, Brazil, Colombia, Suriname, Venezuela, West Indies, Pernambuco

Dysdercus (*Dysdercus*) *melanoderes* Karsch, 1892

Distribution. Camerun, Congo, Fernando Po, Ivory Coast

Dysdercus（*Dysdercus*）*migratorius* Distant, 1903

Distribution. Ceylon, Cuba, Florida, Haiti, Isla de Pinos, Jamaica, Nyassaland, Panama

Dysdercus（*Dysdercus*）*mimuloides* Blöte, 1933

Distribution. Panama, Ecuador

Dysdercus（*Dysdercus*）*mimulus luteus* Doesburg, 1968

Distribution. United States of America, Mexico

Dysdercus（*Dysdercus*）*mimulus mimulus* Hussey, 1929

Distribution. Arizona, Bahamas, British Honduras, California, Costa Rica, Cuba, El Salvador, Guatemala, Hispaniola, Honduras, Jamaica, Mexico, Nicaragua, Panama, Texas, Venezuela, USA

Dysdercus（*Dysdercus*）*mimus distanti* Blöte, 1931

Distribution. Bolivia, Brazil, Cayenne, Colombia, Costa Rica, Ecuador, Guatemala, Honduras, Nicaragua, Panama, Peru, Trinidad, Venezuela

Dysdercus（*Dysdercus*）*mimus ecuadorensis* Doesburg, 1968

Distribution. Ecuador

Dysdercus（*Dysdercus*）*mimus infuscatus* Blöte, 1931

Distribution. British Guiana, Suriname

Dysdercus（*Dysdercus*）*mimus mimus*（Say, 1832）

Distribution. British Honduras, Colombia, Costa Rica, Ecuador, Guatemala, Honduras, Nicaragua, Panama, Mexico, San Salvador, USA

Dysdercus（*Dysdercus*）*mimus* var. *splendidus* Distant, 1883

Distribution. Costa Rica, Panama

Dysdercus（*Dysdercus*）*monostignia* Walker, 1891

Distribution. Hong Kong, Philippines

Dysdercus（*Dysdercus*）*nigrofasciatus* Stål, 1855

Distribution. Abyssinia, East Africa, Eritrea, Congo, Gabon, Madagascar, Natal, Seychelles, Saudi Arabia, Transvaal, Tropical Africa, Yemen Cameroon, Malawi, Mozambique, Sudan, South Africa, Tanzania, Zambia, Saudi Arabia

Dysdercus (*Dysdercus*) *obliquus* (Herrich-Schäeffer, 1843)

Distribution. Arizona, Argentina, California, Colombia, Costa Rica, Ecuador, Honduras, Guatemala, Nicaragua, Panama, Mexico, Venezuela

Dysdercus (*Dysdercus*) *obscuratus flavipenuis* Blöte, 1931

Distribution. Costa Rica, Colombia, Honduras, Mexico, Nicaragua, Panama, Venezuela

Dysdercus (*Dysdercus*) *obscuratus garzkei* Schmidt, 1932

Distribution. Colombia, Costa Rica, Honduras, Mexico, Nicaragua, Panama, Venezuela

Dysdercus (*Dysdercus*) *obscuratus incertus* Distant, 1883

Distribution. Bolivia, Costa Rica, Colombia, Ecuador, El Salvador, Panama, Peru

Dysdercus (*Dysdercus*) *obscuratus lugubris* Schmidt, 1932

Distribution. Colombia, Ecuador

Dysdercus (*Dysdercus*) *obscuratus obscuratus* Distant, 1883

Distribution. British Honduras, Costa Rica, El Salvador, Guatemala, Honduras, Panama, Mexico, Texas

Dysdercus (*Dysdercus*) *ocreatus* (Say, 1832)

Distribution. Georgia

Dysdercus (*Dysdercus*) *ocreatus fervidus* Bergroth, 1914

Distribution. Cuba

Dysdercus (*Dysdercus*) *ocreatus ocreatus* (Say, 1832)

Distribution. Hispaniola，Lesser Antilles

Dysdercus（*Dysdercus*）*olivaceus*（Fabricius，1798）

Distribution. Burma，Coast，Ceylon，India，Malabar

Dysdercus（*Dysdercus*）*ortus* Distant，1909

Distribution. Seychelles.

Dysdercus（*Dysdercus*）*pectoralis* Walker，1872

Distribution. Locality unknown.

Dysdercus（*Dysdercus*）*peruvianus* Guérin-Méneville，1831

Distribution. Argentina，Bolivia，Brazil，Colombia，California，Ecuador，Hawaii，Paraguay，Peru，Venezuela

Dysdercus（*Dysdercus*）*pyrrhomelas*（Herrich-Schäeffer，1843）

Distribution. Java

Dysdercus（*Dysdercus*）*remotus* Distant，1914

Distribution. Loyalty Isl.，New Caledonia

Dysdercus（*Dysdercus*）*rubriscutellatus* Breddin，1910

Distribution. Moluccas

Dysdercus（*Dysdercus*）*ruficeps*（Perty，1833）

Distribution. Bolivia，Brazil，Colombia，Costa Rica，Ecuador，Panama，Peru，Nicaragua

Dysdercus（*Dysdercus*）*ruficollis*（Linnaeus，1764）

Distribution. Argentina，Bolivia，Brazil，British Guiana，Colombia，Curacao，Ecuador，Guiana，Paraguay，Peru，Suriname，South America，Trinidad，Venezuela

Dysdercus（*Dysdercus*）*rusticus* Stål，1870

Distribution. Bolivia，Brazil，Colombia，Peru

Dysdercus（*Dysdercus*）*sanguinarius neglectus* Doesburg，1968

Distribution. Barranquitas, Puerto Rico

Dysdercus（*Dysdercus*）*sanguinarius sanguinarius* Stål, 1870

Distribution. Cuba, Hispaniola

Dysdercus（*Dysdercus*）*sanguinarius* Stål, 1870

Distribution. Cuba, Isle of Pines, Jamaica, Porto Rico

Dysdercus（*Dysdercus*）*sappho*（Kirkaldy & Edwards, 1902）

Distribution. New Caledonia

Dysdercus（*Dysdercus*）*scassellatii* Del Guercio, 1918

Distribution. Somaliland

Dysdercus（*Dysdercus*）*simon* Taeuber, 1927

Distribution. Mindanao

Dysdercus（*Dysdercus*）*solenis*（Herrich-Schäeffer, 1843）

Distribution. Luzon, Mindoro, Murray Isl., Palawan, Philippines, Rizal

Dysdercus（*Dysdercus*）*stehliki* Schaefer, 2013

Distribution. Brazil

Dysdercus（*Dysdercus*）*superstitiosus*（Fabricius, 1775）

Distribution. Abyssinia, Bechuanaland, Camerun, Congo, Eritreai, Gabon, Kenya, Nigeria, Mozambique, Madagascar, Tanganyika, Senegal, Sierra Leone, South Africa

Dysdercus（*Dysdercus*）*superstitiosus* var. *albicollis* Schaum, 1862

Distribution. Mozambique

Dysdercus（*Dysdercus*）*superstitiosus* var. *nigriceps* Schouteden, 1910

Distribution. Kenya

Dysdercus（*Dysdercus*）*superstitiosus* var. *tergiversans* Hussey, 1929

Distribution. Kilimandjaro

Dysdercus（*Dysdercus*）*suturellus capitatus* Distant, 1883

Distribution. Guatemala, Mexico: Yucatan, Nicaragua

Dysdercus（Dysdercus）suturellus suturellus（Herrich-Schäeffer, 1842）

Distribution. Argentina, Bahamas, Carolina, Cuba, Florida, Georgia, Isle of Pines, Ilha de Pinos, Jamaica, S. Alabama, USA

Dysdercus（Dysdercus）ugandanus Schouteden, 1912

Distribution. Uganda

Dysdercus（Dysdercus）urbahni Schmidt, 1932

Distribution. Brazil

Dysdercus（Dysdercus）variegatus Distant, 1888

Distribution. New Guinea

Dysdercus（Dysdercus）voelkeri Schmidt, 1932 [?=D. *superstitiosus*（Fabricius, 1775）]

Distribution. Angola, Benin, Burkina Faso, Burundi, Cameroon, Chad, Democratic Republic of Congo, Southern Ghana, Tanzania, Ivory Coast, Nigeria, Gambia, Guinea, Guinea-Bissau, Kenya, Mali, Namibia, Niger, Republic of Central Africa, Rwanda, Senegal, Sierra Leone, Sudan（Darfur）, Zimbabwe, Zambia.

Dysdercus（Dysdercus）wilhelminae Doesburg, 1968

Distribution. Argentina, Bolivia

Dysdercus austeni Blöte, 1933

Subgenus *Megadysdercus* Breddin, 1900

Dysdercus（Megadysdercus）argillaceus Breddin, 1895

Distribution. Queensland

Dysdercus（Megadysdercus）decussatus decussatus Boisduval, 1835

Distribution. China（Hainan, Islands of the southeast coast of China,

Henan）, Japan, Malaysia, Malay Islands, North Australia, New Ireland,
Philippines, Sri Lanka

Dysdercus（*Megadysdercus*）*decussatus sauteri* Schmidt, 1932

Distribution. China（Taiwan）, Japan

Dysdercus（*Megadysdercus*）*mesiostigma* Distant, 1888

Distribution. Amboina, Banguey, Banda, Borneo, Ceylon, Luzon,
Mindanao, Moluccas, New Guinea.

Dysdercus（*Megadysdercus*）*oceanicus* Boisduval, 1835

Distribution. New Ireland

Dysdercus（*Megadysdercus*）*philippinus* Herrich-Schäeffer, 1853

Distribution. Luzon, Nicobar Isl., Philippines

Dysdercus（*Megadysdercus*）*papuensis* Distant, 1888=*decussatus* Boisduval,
1835

Dysdercus（*Megadysdercus*）*simplex*（Walker, 1873）=*decussatus* Boisduval,
1835

Subgenus *Piezodera* Signoret, 1861

Dysdercus（*Piezodera*）*ruber* Signoret, 1861

Distribution. Madagascar

Dysdercus（*Piezodera*）*decaryi* Cachan, 1952

Distribution. Madagascar

Dysdercus（*Piezodera*）*leprieuri* Signoret, 1880

Distribution. Madagascar

Dysdercus（*Piezodera*）*taeuberi* Schmidt, 1932

Distribution. Madagascar

Subgenus *Leptophthalmus* Stål, 1870

Dysdercus (*Leptophthalmus*) *fuscomaculatus* Stål, 1863

Distribution. China (Hainan, Taiwan, Fujian), India, Japan, Malay Islands, Papua New Guinea, Solomon Isl., Sri Lanka, widely distributed in tropical South and Southeast Asia

Subgenus *Paradysdercus* Stehlík, 1965

Dysdercus (*Paradysdercus*) *cingulatus cingulatus* (Fabricius, 1775)

Distribution. Australia, China (Hainan, Fujian, Guangdong, Guangxi, Guizhou, Sichuan, Yunnan), India, Indonesia, Papua New Guinea, Philippines, Malaysia, Myanmar, Malay Islands, Sri Lanka, Sikkim, widely distributed in tropical South Asia and Southeast Asia

Dysdercus (*Paradysdercus*) *cingulatus nigriventris* Stehlík, 1965

Distribution. China (Taiwan), Japan, Australia

Dysdercus (*Paradysdercus*) *concinnulus* Stehlík, 1965

Distribution. Solomon Islands

Dysdercus (*Paradysdercus*) *evanescens* Distant, 1902

Distribution. Assam, Bangladesh, Bombay, Bengal, China (Yunnan, Xizang, Guizhou, Guangxi, Taiwan), Sikkim, India, Myanmar, from India to Vietnam, from South and Southeast Asia

Dysdercus (*Paradysdercus*) *koenigii* (Fabricius, 1775)

Distribution. Afghanistan, Myanmar, Ceylon, India, Pakistan, Sri Lanca

Dysdercus (*Paradysdercus*) *poecilus* (Herrich-Schäeffer, 1843)

Distribution. China (Fujian, Guangdong, Hainan, Guangxi, Yunnan, Taiwan), Philippines, Myanmar, Sikkim, Indonesia (Sumatra, Java), India, Malay Islands, Flores, Banda, Iolo, New Britain, Pulo Laut,

Borneo, Balabac, Palawan

Dysdercus (*Paradysdercus*) *poecilus* var. *semifuscus* Breddin, 1901

Distribution. Iolo

Dysdercus (*Paradysdercus*) *poecilus* var. *vacillans* Hussey, 1929

Distribution. Iolo

Dysdercus (*Paradysdercus*) *festivus* Gerstäcker, 1892

Distribution. East Africa

Dysdercus (*Paradysdercus*) *longiceps* Breddin, 1901

Distribution. Torres Strait.

Dysdercus (*Paradysdercus*) *micropygus* Breddin, 1909

Distribution. East Africa

Dysdercus (*Paradysdercus*) *rosaceus* Ahmad & Qadri, 2007

Distribution. Bhutan

Dysdercus (*Paradysdercus*) *sidae australiensis* Stehlík, 1965

Distribution. Australia

Dysdercus (*Paradysdercus*) *sidae biguttatus* (Walker, 1873)

Distribution. Australia

Dysdercus (*Paradysdercus*) *sidae sidae* Montrouzier, 1861

Distribution. Australasia and Pacific Islands, Australia, Fiji, Loyalty Islands, New Caledonia, New Hebrides, Niue, Papua & New Guinea, Samoa, Solomon Islands, Tonga, Wallis Islands, Irian Jaya

Dysdercus (*Paradysdercus*) *transversalis castaneus* Stehlík & Jindra, 2008

Distribution. Indonesia, Tanimbar Islands (Yamdena), Banda Islands (Banda Besar)

Dysdercus (*Paradysdercus*) *transversalis hippotigrisoides* Stehlík & Jindra, 2006

Distribution. Seram Isl.

Dysdercus（*Paradysdercus*）*transversalis transversalis* Blöte，1931

　　Distribution. Java，Bali，Indonesia

<h3 align="center">Subgenus *Neodysdercus* Stehlík，1965</h3>

Dysdercus（*Neodysdercus*）*intermedius* Distant，1902

　　Distribution. Rhodesia，Malawi，Mozambique，Tanganyika，Zambia，Zimbabwe

Dysdercus（*Neodysdercus*）*orientalis* Schouteden，1910

　　Distribution. Kenya，Tanganyika，Terr

Dysdercus（*Neodysdercus*）*orientalis* var. *pulchra* Schouteden，1910

　　Distribution. Kenya

Dysdercus（*Neodysdercus*）*pretiosus* Distant，1902

　　Distribution. Uganda，Democratic Republic of Congo，Kenya，Rwanda，Tanzania，Zambia

Dysdercus（*Neodysdercus*）*pretiosus* var. *fallax* Schouteden，1910

　　Distribution. Kilimandjaro

Dysdercus（*Neodysdercus*）*haemorrhoidalis* Signoret，1858

　　Distribution. Gabon，Congo

<h3 align="center">Genus *Ectatops* Amyot & Serville，1843</h3>

Ectatops adustus Walker，1873

　　Distribution. Singapore

Ectatops bipunctatus Taeuber，1927

　　Distribution. Philippines

Ectatops coloratus Walker，1873

　　Distribution. Indonesia

Ectatops dembickyi Stehlík，2007

Distribution. India

Ectatops costalis（Walker，1873）=*Dindymus costalis*（Walker，1873）

Distribution. Celebes

Ectatops distinctus De Vuillefroy，1864

Distribution. Bangladesh（Sylhet）

Ectatops erythromelas Stål，1863

Distribution. Cambodia，Philippines

Ectatops funebris Stehlík，2006

Distribution. Malaysia（Borneo：Sarawak）

Ectatops fuscus Stål，1871

Distribution. Philippines，Imugan Luzon Staudinger

Ectatops gelanor Kirkaldy & Edwards，1902

Distribution. China（Yunnan），Myanmar，India，Laos，Thailand

Ectatops gracilicornis Stål，1863

Distribution. Indonesia，West Papua，Waigeo Is.，Papua，Papua New Guinea，Solomon Islands，New Guinea，Tondano，Andai，N. Guinea，Gebeh，Skroe N. Guinea

Ectatops grandis Stehlík & Kment，2017

Distribution. China（Yunnan），Vietnam

Ectatops indignus（Walker，1873）

Distribution. Assam，Myanmar，Siain，Palawan，Mindanao，India，Meghalaya，Thailand，Laos，Vietnam，Malaysia，Indonesia（Sumatra）

Ectatops lateralis De Vuillefroy，1864

Distribution. Bangladesh（Sylhet）

Ectatops limbatus Amyot & Serville，1843

Distribution. Java，India，Assam，Borneo，Java，Goenoeng Pandjar

Buitenzorg, Timor

Ectatops limbatus divergens Schmidt, 1932

Distribution. Java

Ectatops nervosus Breddin, 1901

Distribution. Borneo, Sarawak, Indonesia (Kalimantan), Malaysia (Sabah Banggi Isl.)

Ectatops notatus Stehlík & Jindra, 2006

Distribution. Malaysia

Ectatops obscurus De Vuillefroy, 1864

Distribution. Thailand (Pattani), Malaysia (Melaka: Malacca), Indonesia (Sumatra)

Ectatops ophthalmicus (Burmeister, 1835)

Distribution. China (Guangxi, Yunnan, Hainan), India, Bangladesh, Cambodia, Vietnam, Malaysia, Singapore, Indonesia, Philippines

Ectatops ophthalmicus var. *rubiaceus* Amyot & Serville, 1843

Distribution. Malaysia, Indonesia

Ectatops rubiaceus var. extensus Schmidt, 1932

Distribution. Sumatra, Kepahing

Ectatops ophthalmicus var. *nigriventris* Blöte, 1931

Distribution. Timor

Ectatops riedeli Stehlík & Jindra, 2008

Distribution. Indonesia (Sulawesi: Sulawesi Selatan)

Ectatops rubens Stål, 1870

Distribution. Philippines (Luzon, Mindanao)

Ectatops saturnides Kirkaldy & Edwards, 1902

Distribution. Indonesia

Ectatops schoenitzeri Stehlík & Jindra， 2008

Distribution. Indonesia（Sulawesi：Sulawesi Selatan）

Ectatops seminiger Stål， 1863

Distribution. Philippines（Basilan， Luzon， Masbate， Mindanao）

Ectatops signoreti Distant， 1910

Distribution. Bangladesh（Sylhet）

Ectatops simalurensis Blöte， 1931

Distribution. Indonesia（Simeule Is．）

Ectatops speculum Breddin， 1901

Distribution. Indonesia（Sumatra）， Malaysia（Perak）

Ectatops subjectus Walker， 1873

Distribution. Indonesia（Sulawesi）

Ectatops sulawesiensis Stehlík & Jindra， 2006

Distribution. Indonesia（Sulawesi）

Ectatops webbi Stehlík， 2006

Distribution. Indonesia（Sulawesi）

Genus *Euscopus* Stål， 1870 锐红蝽属

Euscopus albatus Distant， 1909

Distribution. Bombay

Euscopus chinensis Blöte， 1932

Distribution. China（Guangdong， Sichuan， Yunnan， Guizhou），
Vietnam

Euscopus distinguendus Blöte， 1933

Distribution. China（South China）， Indochina， Kalimantan

Euscopus elongatus Stehlík 2007

Distribution. Laos

Euscopus fletcheri Ahmad & Abbas，1989

Distribution. India

Euscopus fuscus Hsiao，1964

Distribution. China（Yunnan）

Euscopus gestroi Distant，1903

Distribution. Burma; Palon（Fea）

Euscopus indecorus（Walker，1872）

Distribution. Bengal，Assam，Burma，Ceylon，Siam

Euscopus major Stehlík & Jindra，2003

Distribution. Chiang Mai.

Euscopus neorufipes Schaefer & Ahmad，2002

Distribution. India

Euscopus parviceps Breddin，1901

Distribution. Sumatra，Simau Sumatra，Boenga Mas Palembang Sumatra，Tandjong Morawa Serdang N. E. Sumatra

Euscopus parvimacula Stehlík，2005

Distribution. Laos

Euscopus rubens Stehlík & Jindra，2006

Distribution. Indonesia：Sumatra

Euscopus robustus Stehlík，2005

Distribution. Laos

Euscopus rufipes Stål，1870

Distribution. China（Guangxi，Yunnan，Taiwan），Japan，India，Myanmar，Vietnam，Indonesia（Java），Assam，Hindustan，Pulo Laut，Timor，Sumatra，Nagasariba，Toba-lake Sumatra

Euscopus tristis Stehlík & Jindra, 2008

    Distribution. South-western India, Kerala

Euscopus stigmaticus Breddin, 1909

    Distribution. Indo-China, Kompong Kedey; Borneo, Trusan; Sri Lanka

Euscopus vittiventris (Walker, 1872)

    Distribution. India

Genus *Froeschnerocoris* Ahman & Kamaluddin, 1986

Froeschnerocoris denticapsulus Ahman & Kamaluddin, 1986

    Distribution. Assam, northeastern India

Genus *Gromierus* Villiers, 1951

Gromierus rufipes Villiers, 1951

    Distribution. Cameroon, Democratic Republic of Congo, Rwanda

Gromierus schmitzi Stehlík, 1979

    Distribution. Democratic Republic of Congo

Gromierus fumatus Stehlík, 1979

    Distribution. Uganda

Gromierus dollingi Stehlík, 1979

    Distribution. Democratic Republic of Congo

Gromierus minor Stehlík, 1979

    Distribution. Democratic Republic of Congo

Genus *Guentheriana* Stehlík, 2006

Guentheriana flavolineata Stehlík, 2006

    Distribution. Papua New Guinea

Genus *Heissianus* Stehlík, 2006

Heissianus rubidus Stehlík, 2006

Distribution. Malaysia

Genus *Indra* Kirkaldy & Edwards, 1902

Indra dentipes Stehlík & Jindra, 2003

Distribution. Thailand

Indra glebula Breddin, 1909

Distribution. Ceylon

Indra philarete Kirkaldy & Edwards, 1902

Distribution. Java

Genus *Jourdainana* Distant, 1913

Jourdainana annulata Stehlík, 2007

Distribution. Malagasy

Jourdainana aurantiaca（Signoret, 1861）=*Jourdainana rugifera* Distant, 1913

Distribution. Malagasy, Seychelles

Jourdainana pluotae Stehlík, 2007

Distribution. Malagasy

Jourdainana rugifera Distant, 1913

Distribution. Seychelles

Genus *Melamphaus* Stål, 1868 绒红蝽属

Melamphaus agnatus Bergroth, 1894

Distribution. Cambodia

Melamphaus faber（Fabricius, 1787）=*Melamphaus komodoensis* Kirit–

shenko, 1963

    Distribution. China（Guangxi, Yunnan, Xizang, Taiwan）, Bengal bor., Assam, Ligor, Malacca, Pulo Candor, Sumatra（Rawas）, Borneo, Palawan, India, Burma, Malaysia, Philippines, Mindanao, between Serdang and the Toba-lake

Melamphaus faber var. distanti Schmidt, 1932

    Distribution. Sumatra, Borneo

Melamphaus faber var. vicinis Schmidt, 1932

    Distribution. Patria

Melamphaus fulvomarginatus（Dohrn, 1860）

    Distribution. Ceylon, Travancore

Melamphaus komodoensis Kiritshenko, 1963

    Distribution. Palaearctic

Melamphaus rubrocinctus（Stål, 1863）

    Distribution. Assam, Burma, China（Yunnan）, India

Genus *Mesopyrrhocoris* Hong & Wang, 1990（Fossil）

Mesopyrrhocoris fasciata Hong & Wang, 1990（Fossil）

    Distribution. China：Shandong

Genus *Myrmoplasta* Gerstäcker, 1892
Subgenus *Myrmoplasta* Gerstäcker, 1892

Myrmoplasta（*Myrmoplasta*）*mira* Gerstäcker, 1892

    Distribution. Democratic Republic of Congo, Ethiopia, Tanzania, East Africa

Myrmoplasta（*Myrmoplasta*）*vittiventris* Carlini, 1894

    Distribution. Democratic Republic of the Congo, Ethiopia, Kenya, Rwanda, Uganda, and Tanzania, Nkolei

Myrmoplasta（*Myrmoplasta*）*illuminatus* Distant，1903

Distribution. Burma.

Myrmoplasta（*Myrmoplasta*）*kmenti* Stehlík，2007

Distribution. Democratic Republic of the Congo

Myrmoplasta（*Myrmoplasta*）*pseudomira* Ahmad & Zaidi，1987=*Myrmoplasta mira* Gerstäcker，1892

Myrmoplasta（*Myrmoplasta*）*potteri* Martin，1900=*Myrmoplasta vittiventris* Carlini，1894

Myrmoplasta（*Myrmoplasta*）*potteri* var. *nigra* Courteaux，1922=*Myrmoplasta vittiventris* Carlini，1894

Subgenus *Myrmoplastoides* Stehlík & Kment，2008

Myrmoplasta（*Myrmoplastoides*）*biguttata* Blöte，1933

Distribution. South India

Myrmoplasta（*Myrmoplastoides*）*longipennis* Blöte，1933

Distribution. Laos，Vietnam

Genus *Neodindymus* Stehlík，1965

Neodindymus acutus Stehlík，1965

Distribution. Tanzania

Neodindymus albofasciatus Stehlík，2006

Distribution. Malawi

Neodindymus antennatus（Distant，1881）

Distribution. Guinea，Nigeria

Neodindymus basilewskyi（Schouteden，1957）=*Dindymus basilewskyi* Schouteden，1957

Distribution. Tanzania，Democratic Republic of Congo

Neodindymus bipustulatus（Stål，1874）

Distribution. Tanzania，Zanzibar

Neodindymus brunneus Stehlík，1965

Distribution. Tanzania

Neodindymus excisus Stehlík，2006

Distribution. Tanzania，Congo-Kinshasa

Neodindymus palms Stehlík，2006

Distribution. Congo-Kinshasa

Neodindymus pilifer Stehlík，2006

Distribution. Congo-Kinshasa，Zimbabwe，Kenya

Neodindymus flavipes（Signoret，1858）

Distribution. Congo（Brazzaville），Gabon，Guinea，Ivory Coast，Nigeria

Neodindymus parvus Stehlík，2006

Distribution. Congo-Kinshasa

Neodindymus leleupi Stehlík，1965

Distribution. Tanzania

Neodindymus migratorius（Distant，1903）=*Cenaeus unicolor* Cachan，1952（Madagascar）

Distribution. Benin，Congo（Brazzaville），Guinea，Ivory Coast，Kenya，Malawi，Tanzania，Uganda，Zambia，Madagascar

Neodindymus relatus（Distant，1902）

Distribution. Tanzania

Neodindymus schoutedeni Stehlík，1965

Distribution. Kenya

Neodindymus sjostedti（Schouteden，1910）

Distribution. Kenya，Rwanda，Tanzania

Neodindymus tenebrosus（Blöte，1933）

Distribution. Tanzania

Neodindymus elegans Linnavuori，1988

Distribution. Nigeria

Genus *Obstetrixella* Schmidt，1932

Obstetrixella aborfiva Gerstäcker（1. c）

Distribution. Afrika：Süd-Aethiopien

Genus *Neoindra* Stehlík，1965

Neoindra basilewskyi Stehlík，1965

Distribution. Tanzania

Genus *Paradindymus* Stehlík，1965

Paradindymus madagascariensis（Blanchard，1849）

Distribution. Madagascar

Paradindymus satyrus（Bergroth，1912）

Distribution. Comoro Island

Paradindymus seguyi（Cachan，1952）

Distribution. Madagascar

Genus *Paraectatops* Stehlík，1965

Paraectatops costalis（Walker，1873）=*Dindymus costalis*（Walker，1873）？

Distribution. Papua New Guinea

Paraectatops ruficosta guadalcanalensis Stehlík，1965

Distribution. Africa

Paraectatops malaitensis Stehlík，1965

Distribution. Solomon Islands

Paraectatops ruficosta ruficosta（Walker，1873）

Distribution. New Guinea

Paraectatops ruficosta ysabelensis Stehlík，1965

Distribution. Africa

Paraectatops ysabelensis Stehlík，1965

Distribution. Solomon Islands

Genus *Piezodera* Signoret，1861

Piezodera rubra Signoret，1861

Distribution. Madagascar

Piezodera leprieuri Signoret，1880

Distribution. Madagascar

Piezodera taeuberi Schmidt，1932

Distribution. Neu-Guinea

Genus *Probergrothius* Kirkaldy，1904

Probergrothius angolensis（Distant，1902）

Distribution. Angola，Cameroon，Democratic Republic of Congo，Namibia，Zambia，Benguela

Probergrothius confusus（Distant，1892）

Distribution. Eritrea，Zanzibar，Tanzania，Tanganyika，Cheren，Erythraea，Zambia

Probergrothius dilectus（Walker，1872）

Distribution. Arabia，Aden

Probergrothius exsanguis（Gerstäcker，1892）

Distribution. Tanzania，Zanzibar，East Africa，Zambia

Probergrothius longiventris（Liu，1987）

Distribution. China（Yunnan）

Probergrothius modestus（Distant，1902）

Distribution. Ethiopia，Kenya，Somalia，Abyssinia，Somaliland

Probergrothius nigricornis（Stål，1861）

Distribution. India，Bombay，Mysore，Burma，Tenasserim，Siam，Sylhet，Laos，Vietnam

Probergrothius notabilis（Distant，1902）

Distribution. Angola，Burundi，Congo，Tanganyika，Uganda，Tabora Ounyanyembe Africa

Probergrothius notabilis var. *kambovensis*（Goursat，1931）

Distribution. Democratic Republic of Congo，Shaba

Probergrothius obscurellus（Blöte，1933）

Distribution. Zimbabwe

Probergrothius sanguinolens（Amyot & Serville，1843）

Distribution. Bengal，Madras，Travancore，Ceylon

Probergrothius satyrus（Bergroth，1912）[=*Paradindymus satyrus*（Bergroth，1912）]

Distribution. Comoro Island

Probergrothius scutellaris（Walker，1872）

Distribution. North Bengal

Probergrothius seguyi（Cachan，1952）[=*Paradindymus seguyi*（Cachan，1952）]

Distribution. Madagascar

Probergrothius sexpunctatus（Laporte，1832）

Distribution. Angola，Abyssinia，Burkino Fassa，Chad，Congo

(Brazzaville), Democratic Republic of Congo, Eritrea, Ethiopia, Gabon, Gambia, Ghana, Guinea, Mozambique, Namibia, Nigeria, Rwanda, Senegal, Sierra Leone, South Africa, Somaliland, Sudan, Bamako Fr. Sudan, Tanzania

Probergrothius somaliensis (Goursat, 1931)

Distribution. Somalia

Probergrothius varicomis (Fabricius, 1787)

Distribution. India, Coromandel, Coast, Ceylon, Java

Probergrothius violaceus (Carlini, 1892)

Distribution. Somalia

Probergrothius zoraida (Kirkaldy & Edwards, 1902)

Distribution. Burma

Genus *Pseudindra* Schmidt, 1932

Pseudindra nigra Schmidt, 1932

Distribution. Sumatra

Pseudindra orthocephaloides (Breddin, 1912) = ? *Armatillus orthocephaloides* (Breddin, 1912)

Distribution. Malaysia, Indonesia

Genus *Pyrrhocoris* Fallén, 1814

Pyrrhocoris apterus (Linnaeus, 1758)

Distribution. Widely distributed in Europe, North Africa and Asia (Asia Minor, Azerbaijan, Afghanistan, Algeria, Albania, Andorra, Armenia, Austria, Belgium, Bohemia, Bulgaria, Byelorussia, Costa Rica, China, Croatia, Czech Republic, Cyprus, Corsica, Denmark, England, Estonia, France, Georgia, Great Britain, Germany, Greece, Hungary,

Holland, Italy, Iran, Iraq, Israel, Jugo-Slavia, Kazakhstan Asian pan,
Kazakhstan European part, Kirgizia, Kuwait, Latvia, Liechtenstein,
Lithuania, Luxembourg, Madras, Macedonia, Moldavia, Mongolia,
Morocco, New Jersey, Netherlands, Persia, Poland, Portugal, Pakistan,
Romania, Roma, Rumania, Russia, Saudi Arabia, Sardinia, Slovakia,
Slovenia, Sicily, Spain, Sweden, Switzerland, Syria, Tunisia, Turkey
European part, Netherlands, Tadzhikistan, Turkestan, Tunis, Turkmenistan,
Turkey, Ukraine, Uzbekistan, Yugoslavia, W. Siberia）

Pyrrhocoris apterus var. *carbonarius* Horváth, 1895

Distribution. France

Pyrrhocoris apterus var. *hilaris* Horváth, 1895

Distribution. Hungary, Asia Minor, Georgia

Pyrrhocoris apterus forma *inaequalis* Stichel, 1925

Distribution. Germany

Pyrrhocoris apterus var. *lagenifer* Horváth, 1888

Distribution. Hungary, Mesopotamia

Pyrrhocoris apterus forma *punctella* Stichel, 1925

Distribution. Germany

Pyrrhocoris apterus forma *sexpunctata* Priesner, 1927

Distribution. Austria

Pyrrhocoris apterus forma *trifida* Stichel, 1925

Distribution. Germany

Pyrrhocoris fieberi Kuschakevich, 1867

Distribution. Amur, Vladivostock, Lake Baikal, Charbin Mandschuria.

Pyrrhocoris fuscopunctatus Stål, 1858

Distribution. China, Mongolia, RU（ES）, Irkutsk, Yeniseisk

Pyrrhocoris marginatus（Kolenati，1845）

Distribution. Albania, Austria, Bosnia Hercegovina, Bulgaria, Croatia, Czech Republic, Kazakhstan, France, Germany, Greece, Hungary, Italy, Macedonia, Moldavia, Luxembourg, Poland, Romania, Russia, Slovakia, Slovenia, Switzerland, Ukraine, Yugoslavia. Azerbaijan, Armenia, Turkey, China, Iran, Kirgizia, Russia, Tadzhikistan, Ukraine. Belgium, Rhineland, Rhone Valley, Provence, Geneva, Jugo-Slavia, Rumania, Caucasia, Siberia

Pyrrhocoris niger Reuter，1888

Distribution. Greece, Crete, Caucasus

Pyrrhocoris sibiricus Kuschakewitsch，1866

Distribution. China (Guizhou, Guangdonng Qinghai, Sichuan, Liaoning, Inner Mongolia, Hebei Beijing, Tianjin, Shandong, Jiangsu, Shanghai, Zhejiang Xizang, Taiwan), Japan, Korea, Mongolia, Russia, Siberia

Pyrrhocoris sinuaticollis Reuter，1885

Distribution. China (Guizhou Yunnan, Hubei, Zhejiang, Beijing, Jiangsu), Japan, Korea, Russia, Pakistan, Iran

Pyrrhocoris stehliki Kanyukova，1982

Distribution. Far East

Pyrrhocoris tibialis Stål，1874

Distribution. Siberia, China, Korea, Japan, Mongolia

Genus *Pyrrhopeplus* Stål，1870

Pyrrhopeplus carduelis（Stål，1863）

Distribution. China (Guizhou, Henan, Hunan, Anhui, Jiangsu,

Zhejiang, Jiangxi, Fujian, Yunan, Duangdog, Taiwan, Hong Kong），Vietnam

Pyrrhopeplus immaculatus Stehlík & Jindra, 2003

Distribution. Thailand

Pyrrhopeplus impictus Hsiao, 1964

Distribution. China（Yunnan）

Pyrrhopeplus posthumus Horváth, 1892

Distribution. China（Guizhou, Guangxi, Yunnan, Xizang）, Myanmar, Bangladesh, Sikkim, India, Vietnam, Assam

Genus *Raxa* Distant, 1919

Raxa collaris Distant, 1919

Distribution. Vietnam, Laos

Raxa nishidai Schaefer, 1999

Distribution. Indonesia

Genus *Roscius* Stål, 1866

Roscius elongatus（Schaum, 1853）

Distribution. Angola, Mozambique, Congo, Gabon, Tanzania, Zanzibar, Manow Morogoro, Zambia

Roscius guilielmi Bergroth, 1926= ? *Roscius brazzavilliensis* Robert, 1975（Zambia）

Distribution. Belgian, Congo, Democratic Republic of Congo, Guinea, Uganda

Roscius illustris Gerstäcker, 1873

Distribution. Zanzibar, Tanganyika, Kenya, Mozambique, Tanzania, Usambara

Roscius parvulus Stehlík & Jindra, 2008

Distribution. Zambia

Roscius niger Stehlík & Jindra, 2010

Distribution. Mozambique

Roscius diversus Stehlík & Jindra, 2010

Distribution. Central African Republic

Roscius quadriplagiatus（Schaum, 1853）

Distribution. Gabon, Kenya, Mozambique, Tanzania

Roscius circumdatus Distant, 1881

Distribution. Nigeria（Calabar）, Cameroon, Ivory Coast, Democratic Republic of Congo

Genus *Saldoides* Breddin, 1901

Saldoides ornatulus Breddin, 1901

Distribution. Sumatra

Genus *Scantius* Stål, 1866

Scantius andrial Cachan, 1952

Distribution. Madagascar

Scantius berlandi Cachan, 1952

Distribution. Madagascar

Scantius abyssinicus Bolivar, 1879

Distribution. Abyssinia, Eritrea, Somaliland, Kilimandjaro

Scantius aegyptius aegyptius（Linnaeus, 1758）

Distribution. Italy, Malta, Portugal, Spain, Algeria, Egypt, Canary Isles, Libya, Morocco, Tunisia, Afghanistan, Turkey, Cyprus, Iran, Iraq, Israel, Jordan, Kuwait, Lebanon, Saudi Arabia, EG Sinai, Syria, Turkmenistan, Yemen, Pakistan

Scantius aegyptius rossii Carapezza，Kerzhner & Rieger，1999

   Distribution. Albania，Bosnia Hercegovina，Bulgaria，Croatia，France，Greece，Turkey，Italy，Macedonia，Russia，Ukraine，Yugoslavia，Azerbaijan，Afghanistan，Kazakhstan，Armenia，Turkey，Georgia，Iran，Kirgizia，Tadzhikistan，Turkmenistan，Uzbekistan，Pakistan

Scantius aegyptius iraquensis Blöte，1933

   Distribution. Iraq，Hinaida

Scantius aethiopicus（Distant，1919）

   Distribution. Cameroon，Gambia

Scantius aurantiacus（Signoret，1861）

   Distribution. Madagascar

Scantius caraboides Bergroth，1920

   Distribution. Ethiopea，Kenya，Tanzania，British East Africa

Scantius circumcinctus（Lethierry，1883）

   Distribution. Congo（Brazzaville），Ethiopia，Zambia，Abyssinia，French Congo

Scantius coriaceus Distant，1910

   Distribution. India

Scantius forsteri（Fabricius，1781）

   Distribution. Italy，Egypt，Afghanistan，Iran，Iraq，Israel，Kuwait，Saudi Arabia，EG Sinai，Syria，Yemen，Tropical Africa，India，Pakistan，Persia，Abyssinia，Kenya，Zanzibar，Mozambique，Senegal，Angola，Natal，Cape of Good，Hope，Madagascar，Seychelles，Bengal，Congo（Brazzaville），Democratic Republic of Congo，Eritrea，Ethiopia，Mali，Mozambique，Namibia，Sierra Leone，Somalia，South Africa，Tanzania，Cape of good Hope，Zambia，Nepal

Scanius neopallens Ahmaj & Abbas, 1986

   Distribution. Pakistan

Scantius nervosus Cachan, 1952

   Distribution. Madagascar

Scantius obscurus Distant, 1903

   Distribution. Ceylon

Scantius pallens Distant, 1903

   Distribution. Sind, Central Prov. N. Bengal, Persia.

Scantius changamanganensis Ahmad & Zaidi, 1989

   Distribution. Indo-Pakistan subcontinent

Scantius distanti Ahmad & Zaidi, 1989

   Distribution. Indo-Pakistan subcontinent

Scantius pseudobscurus Ahmad & Zaidi, 1989

   Distribution. Indo-Pakistan subcontinent

Scantius rufa Cachan, 1952

   Distribution. Madagascar

Scantius rhodesianus Distant (=*Scantius circumcinctus* Lethierry, 1883)

   Distribution. Congo, Zambia

Scantius subapterus (Spinola, 1837)

   Distribution. Barbaria

Scantius volucris Gerstäclcer, 1873

   Distribution. Angola, East Africa, Bombay, Punjab, Central Prov.,
   Madras, Bengal, Ethiopia, Kenya, Tanzania, Uganda, Zambia, Benguela
   Africa, Germ. E. Africa, Uganda Br. E. Africa, Harrar Abyssinia.

Genus *Schaeferiana* Stehlík，2008
Subgenus *Schaeferiana* Stehlík，2008

Schaeferiana（*Schaeferiana*）*mirabilis* Stehlík，2008

Distribution. Democratic Republic of Congo，Central African Republic

Subgenus *Gaboniella* Stehlík & Jindra，2011

Schaeferiana（*Gaboniella*）*incompleta* Stehlík & Jindra，2011

Distribution. Gabon

Genus *Schmitziana* Stehlík，1977

Schmitziana grandis（Stehlík，1965）

Distribution. Tanzania（Usambara，Mombo）

Schmitziana pilosa Stehlík，1977

Distribution. South Africa（Transvaal）

Schmitziana polymorpha Stehlík，1977

Distribution. Democratic Republic of Congo，Zambia

Genus *Sericocoris* Karsch，1892
Subgenus *Depressoculus* Stehlík，2008

Sericocoris（*Depressoculus*）*albomaculatus* Stehlík，2008

Distribution. Democratic Republic of Congo

Sericocoris（*Depressoculus*）*antennatus antennatus*（Distant，1881）

Distribution. Liberia，Nigeria，Cameroon，Equatorial Guinea，Gabon，Congo

Sericocoris（*Depressoculus*）*antennatus obscuratus* Stehlík，2008

Distribution. Democratic Republic of Congo

Sericocoris（*Depressoculus*）*antennatus immaculatus* Stehlík，2008

Distribution. Democratic Republic of Congo

Sericocoris (*Depressoculus*) *antennatus congolanus* Stehlík，2008

Distribution. Democratic Republic of Congo

Subgenus *Sericocoris* Karsch，1892

Sericocoris (*Sericocoris*) *acromelanthes* Karsch，1892

Distribution. Cameroon，Congo（Brazzaville），Democratic Republic of Congo，Guinea，Ivory Coast，Togo，Uganda

Sericocoris (*Sericocoris*) *cuneatus* Villiers，1951

Distribution. Congo（Brazzaville）

Subgenus *Sericocoriopsis* Stehlík，1965

Sericocoris (*Sericocoriopsis*) *johnstoni* (Distant，1902)

Distribution. Nigeria，Rwanda，Uganda

Sericocoris (*Sericocoriopsis*) *dispar* (Schouteden，1957)

Distribution. Rwanda

Sericocoris (*Sericocoriopsis*) *sanguinolentus* (Haglund，1895)

Distribution. Cameroon

Subgenus *Pseudocenaeus* Stehlík，1965

Sericocoris (*Pseudocenaeus*) *apicicornis* (Fairmaire，1858)

Distribution. Cameroon，Congo（Brazzaville），Democratic Republic of Congo，Gabon，Guinea，Uganda

Sericocoris (*Pseudocenaeus*) *distinguendus* (Blöte，1933)

Distribution. Ghana，Ivory Coast，Nigeria，Uganda

Sericocoris (*Pseudocenaeus*) *griseus* Stehlík & Jindra，2010

Distribution. Cameroon

Sericocoris（*Pseudocenaeus*）*latus* Stehlík，2009

Distribution. Central Africa

Sericocoris（*Pseudocenaeus*）*robustus* Stehlík，2009

Distribution. Central Africa

Sericocoris（*Pseudocenaeus*）*luridus*（Reuter，1882）

Distribution. Cameroon，Central African Republic，Democratic Republic of Congo，Ghana，Guinea，Ivory Coast，Nigeria，Sudan，Uganda

Sericocoris（*Pseudocenaeus*）*montanus*（Villiers，1951）

Distribution. Ivory Coast

Sericocoris（*Pseudocenaeus*）*nigriceps*（Stål，1855）= ? [*Dindymus nigriceps* （Stål，1855）]

Distribution. Kenya，Rwanda，Soth Africa，Sudan，Tanzania

Sericocoris（*Pseudocenaeus*）*obscuratus*（Blöte，1933）

Distribution. Sierra Leone

Sericocoris（*Pseudocenaeus*）*obuduanus* Linnavuori 1988

Distribution. Nigeria

Sericocoris（*Pseudocenaeus*）*plebejus*（Haglund，1895）

Distribution. Cameroon.

Sericocoris（*Pseudocenaeus*）*roseus*（Villiers，1951）

Distribution. Guinea

Sericocoris（*Pseudocenaeus*）*rubroantennatus* Stehlík & Jindra，2010

Distribution. Cameroon

Genus *Siango* Blöte，1933

Siango variegata Blöte，1933

Distribution. Democratic Republic of Congo，Kenya，Uganda

Siango blötei Schouteden，1933

Distribution. Democratic Republic of Congo

Genus *Sicnatus* Villiers & Dekeyser，1951

Sicnatus circumcinctus circumcinctus（Lethierry，1883）

Distribution. Congo（Brazzaville），Democratic Republic of Congo，Ethiopia，Zambia

Sicnatus circumcinctus leyei Villiers & Dekeyser，1951

Distribution. Democratic Republic of Congo，Senegal

Genus *Silasuwe* Stehlík，2006

Silasuwe tenebrosus Stehlík，2006

Distribution. Malaysia（Sulawesi）

Silasuwe costalis（Walker，1873）

Distribution. Malaysia（Sulawesi）

Genus *Stictaulax* Stål，1870

Stictaulax circumsepta Stål，1870

Distribution. New Guinea

Genus *Syncrotus* Bergroth，1895
Subgenus *Syncrotus* Bergroth，1895

Syncrotus（*Syncrotus*）*amabilis*（Walker，1873）

Distribution. Aru Isl.

Syncrotus（*Syncrotus*）*circumscriptus* Bergroth，1895

Distribution. Queensland

Subgenus *Syncrotellus* Ghauri，1972

Syncrotus（*Syncrotus*）*confusus* Ghauri，1972

  Distribution. New Britain：Vudal，Nahavio，Mosa Pltn，Birara

Syncrotus（*Syncrotus*）*kokodanus* Ghauri，1972

  Distribution. New guinea：Papua，Kokoda

Syncrotus（*Syncrotus*）*madanganus* Ghauri，1972

  Distribution. New guinea：Madang District，Finisterre Mts.

Syncrotus（*Syncrotus*）*madanganus mafulus* Ghauri，1972

  Distribution. New guinea：Papua，Mafulu

Syncrotus（*Syncrotellus*）*fulvus* Stehlík，2005

  Distribution. Papua Indonesia

Syncrotus（*Syncrotellus*）*similis* Ghauri，1972

  Distribution. Papua Indonesia

Genus *Taeuberella* Schmidt，1932

Taeuberella papuensis Schmidt，1932

  Distribution. New Guinea

图　版

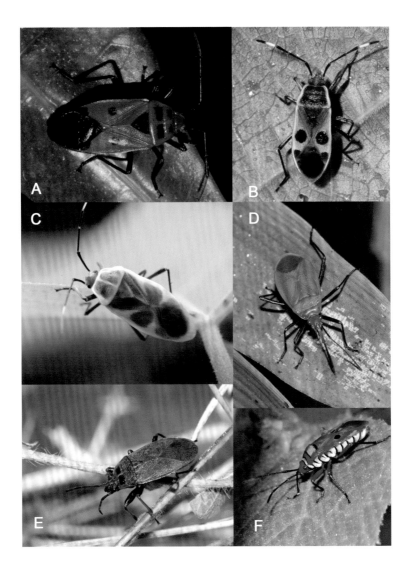

图1　生态图片。A，显斑红蝽 *Physopelta slanbuschii*（Fabricius，1787）；B，小斑红蝽 *Physopelta cincticollis* Stål，1863；C，浑斑红蝽 *Physopelta robusta* Stål，1863；D，阔胸光红蝽 *Dindymus lanius* Stål，1863；E，曲缘红蝽 *Pyrrhocoris sinuaticollis* Reuter，1885；F，斑直红蝽 *Pyrrhopeplus posthumus* Horváth，1892。

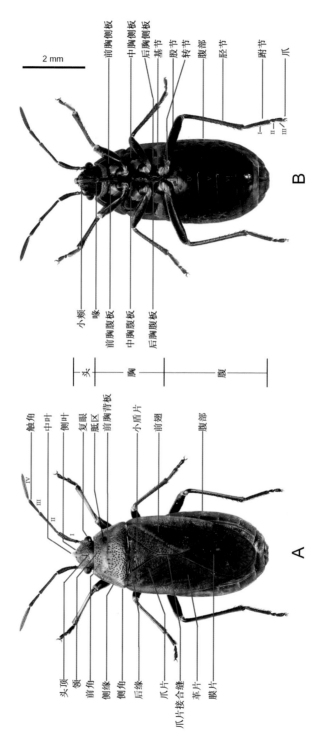

图 2　先地红蝽 *Pyrrhocoris sibiricus* Kuschakewitsch, 1866, 成虫, ♀。
图示一般形态结构。A, 体背面; B, 体腹面。标尺 A, B = 2 mm。

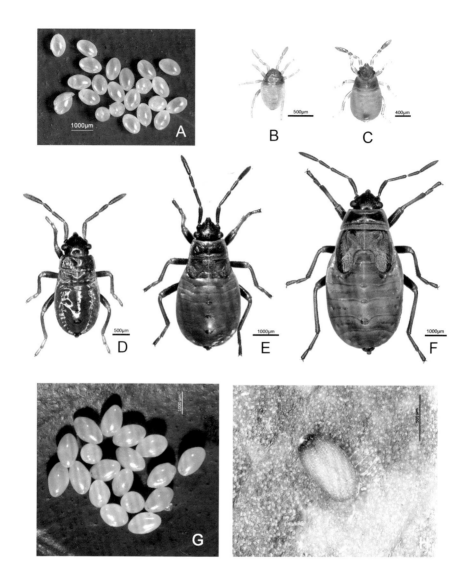

图 3　A~F，先地红蝽 *Pyrrhocoris sibiricus* Kuschakewitsch，1866；
A，卵；B，1 龄若虫；C，2 龄若虫；D，3 龄若虫；E，4 龄若虫；
F，5 龄若虫；G，颈红蝽 *Antilochus coquebertii*（Fabricius，1803），
卵；H，小斑红蝽 *Physopelta cincticollis* Stål，1863，卵。

图4　食性：A，离斑棉红蝽 *Dysdercus cingulatus*（Fabricius，1775），植食性；B，细斑棉红蝽 *Dysdercus evanescens* Distant，1902，植食性；C，先地红蝽 *Pyrrhocoris sibiricus* Kuschakewitsch，1866，自相残杀行为；D，颈红蝽 *Antilochus coquebertii*（Fabricius，1803），捕食性；E，F，异泛光红蝽 *Dindymus sanguineus*（Fabricius，1794），捕食性。聚集性：G，异泛光红蝽 *Dindymus sanguineus*（Fabricius，1794），若虫。

图 5　交配行为。A，异泛光红蝽 *Dindymus sanguineus*（Fabricius，1794）；
B，斑直红蝽 *Pyrrhopeplus posthumus* Horváth，1892；C，颈红蝽 *Antilochus coquebertii*（Fabricius，1803）。

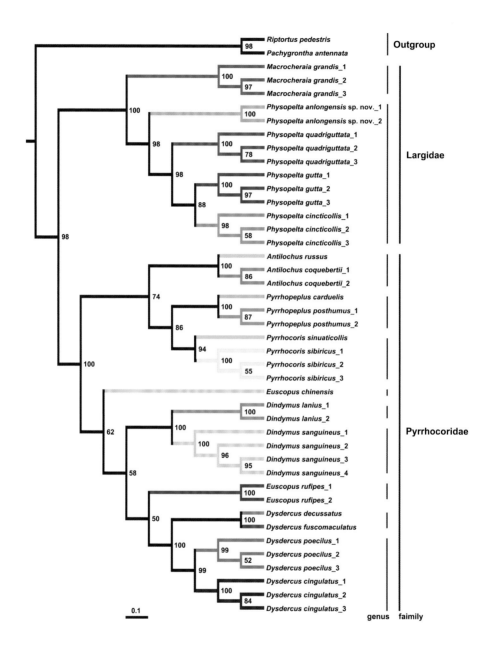

图6 基于 28S rDNA 部分序列的中国红蝽总科昆虫部分属种的系统发育树（最大似然法，ML）

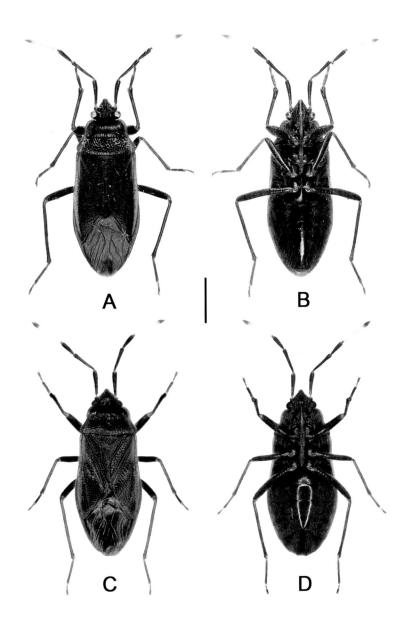

图 7　红缘狄红蝽 *Delacampius villosus*（Breddin，1901）。A，B，♂；C，D，♀。A，C，背面观；B，D，腹面观。标尺 A~D= 2 mm。

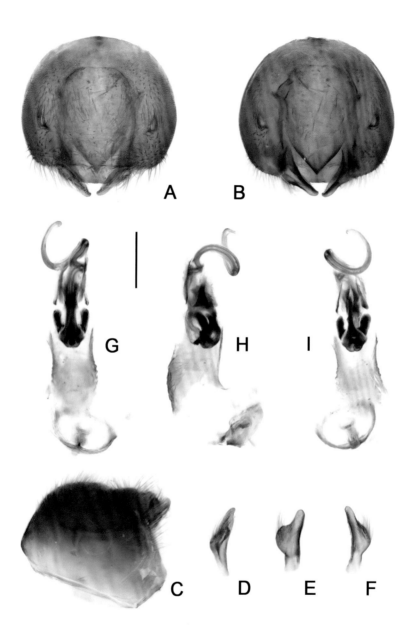

图 8　红缘狄红蝽 *Delacampius villosus*（Breddin，1901），♂。A~C，尾节和抱器；D~F，抱器；G~H，阳茎。A，I，背面观；B，G，腹面观；C，H，侧面观。标尺 A~I = 0.3 mm。

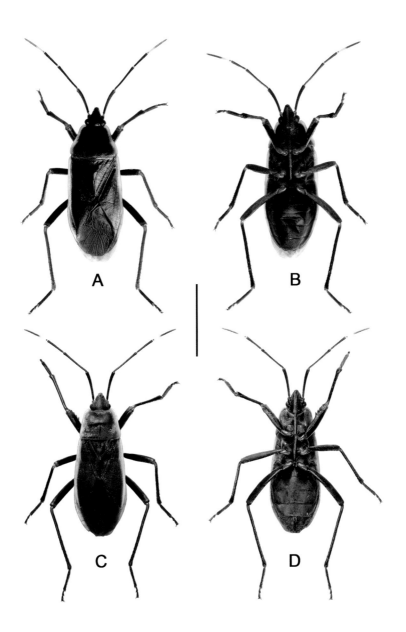

图 9　翘红蝽 *Iphita limbata* Stål，1870。A，B，♂；C，D，♀。
A，C，背面观；B，D，腹面观。标尺 A~D = 10 mm。

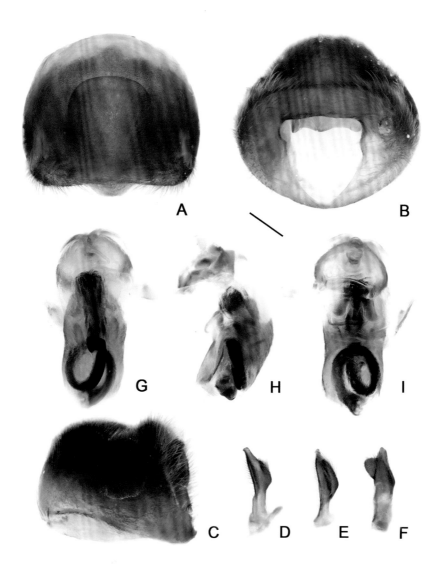

图 10　翘红蝽 *Iphita limbata* Stål，1870，♂。A~C，尾节；D~F，抱器；G~I，阳茎。A, I，背面观；G，腹面观；C, H，侧面观；B，尾面观。标尺 A~F = 0.5 mm，G~I= 0.2 mm。

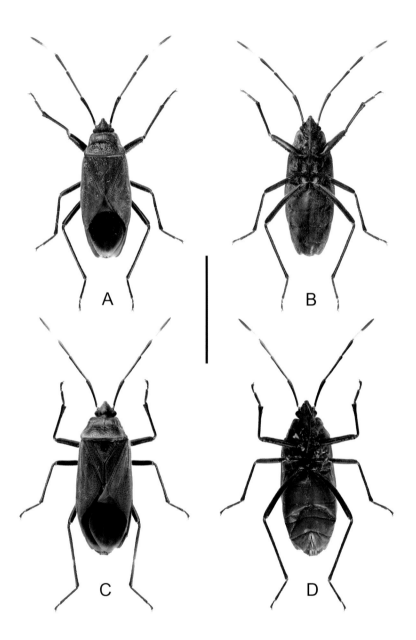

图 11 安龙斑红蝽 *Physopelta anlongensis* Zhao & Cao, 2022 **sp. nov.**，正模。A，B，♂；C，D，♀。A，C，背面观；B，D，腹面观。标尺 A~D = 10 mm。

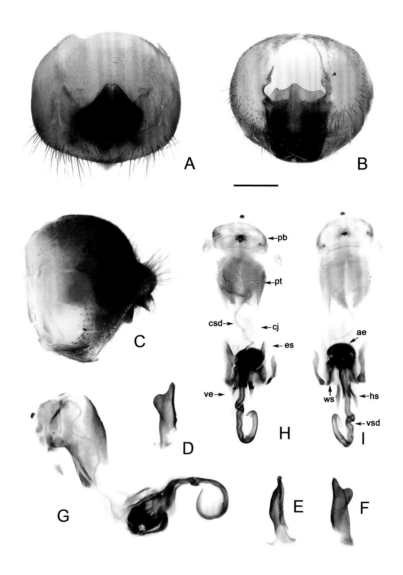

图 12 安龙斑红蝽 *Physopelta anlongensis* Zhao & Cao, 2022 **sp. nov.**。A~C，尾节；D~F，抱器；G~I，阳茎。A, I, 背面观；H, 腹面观；C, G, 侧面观；B, 尾面观。标尺 A~I = 0.4 mm。阳茎基，phallobase，pb；阳茎鞘，phallothec，pt；内阳茎体 endosoma, es；系膜，conjuctivum, cj；阳茎端，vesica, ve；端突 arcuate extension, ae；翼骨片，wing slerites, ws；持骨片，holding sclerites, hs；系膜导精管，conjunctional seminal duct, csd；阳茎端导精管，vesical seminal duct, vsd。

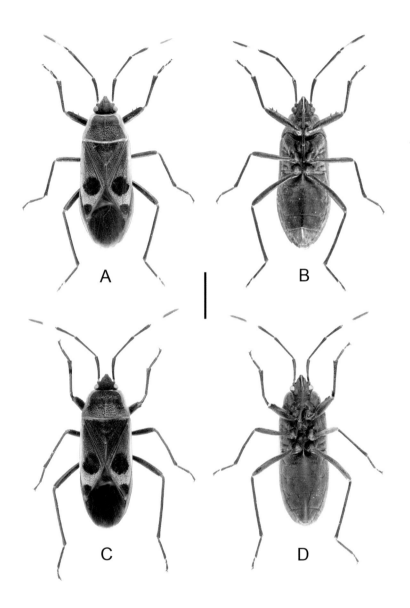

图 13　小斑红蝽 *Physopelta cincticollis* Stål, 1863。A, B, ♀; C, D, ♂。A, C, 背面观; B, D, 腹面观。标尺 A~D = 5 mm。

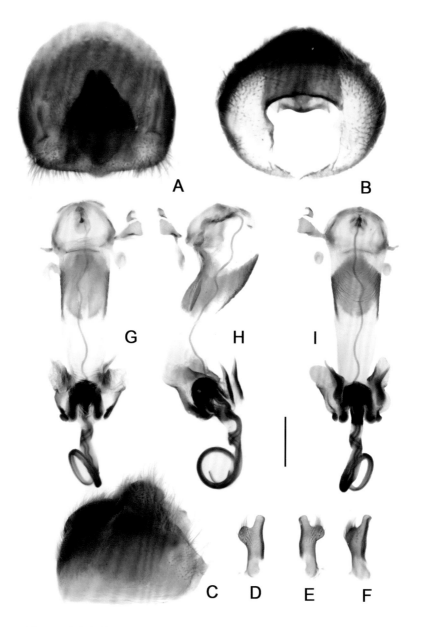

图 14　小斑红蝽 *Physopelta cincticollis* Stål，1863，♂。A~C，尾节；D~F，抱器；G~I，阳茎。A，G，背面观；I，腹面观；C，H，侧面观；B，尾面观。标尺 A~F = 0.4 mm，G~I= 0.2 mm。

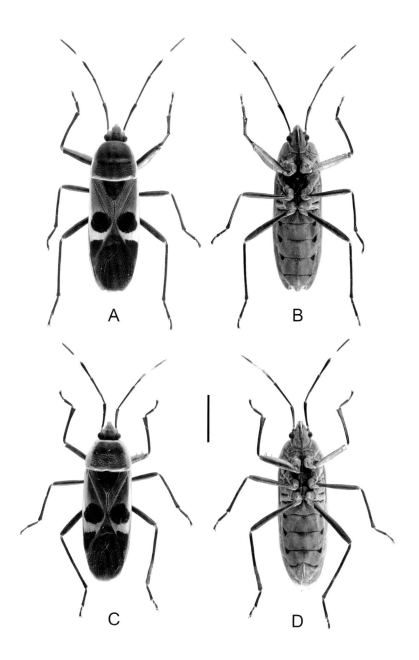

图 15　突背斑红蝽 *Physopelta gutta*（Burmeister，1834）。A，B，♂；
C，D，♀。A，C，背面观；B，D，腹面观。标尺 A~D = 5 mm。

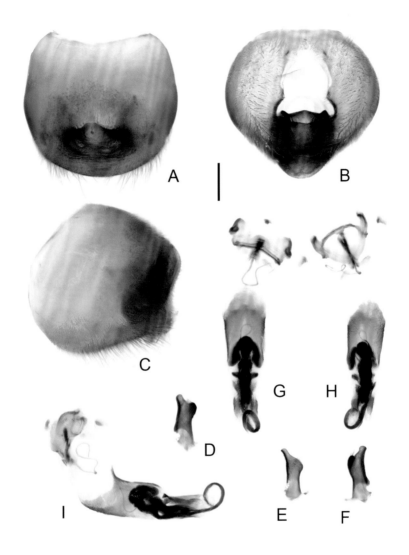

图 16 突背斑红蝽 *Physopelta gutta*（Burmeister，1834）, ♂。A~C，尾节；D~F，抱器；G~I，阳茎。A，G，背面观；B，尾面观；H，腹面观；C，I，侧面观。标尺 A~F = 0.8 mm，G~I= 0.4 mm。

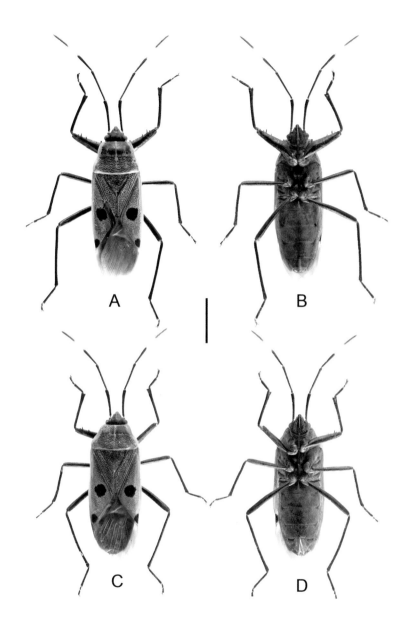

图 17 四斑红蝽 *Physopelta quadriguttata* Bergroth，1894。A，B，♂；C，D，♀。A，C，背面观；B，D，腹面观。标尺 A~D = 5 mm。

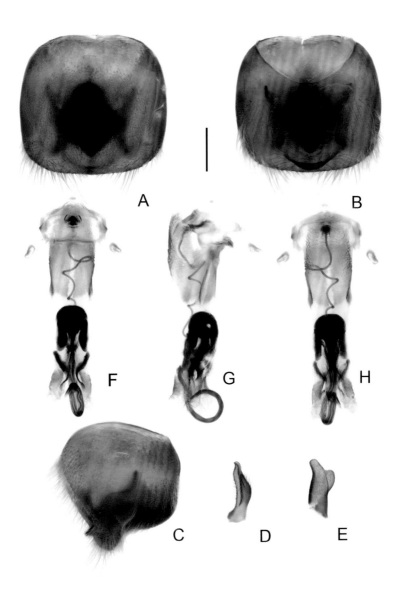

图 18 四斑红蝽 *Physopelta quadriguttata* Bergroth，1894，♂。
A~C，尾节；D，E，抱器；F~H，阳茎。A，F，背面观；B，H，
腹面观；C，G，侧面观。标尺 A~H = 0.4 mm。

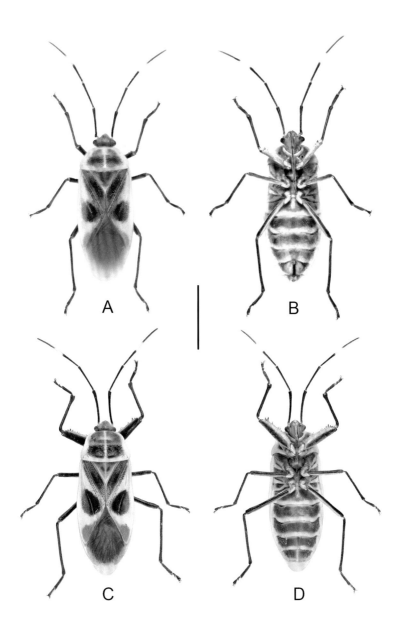

图 19　浑斑红蝽 *Physopelta robusta* Stål，1863。A，B，♀；C，D，♂。A，C，背面观；B，D，腹面观。标尺 A~D = 10 mm。

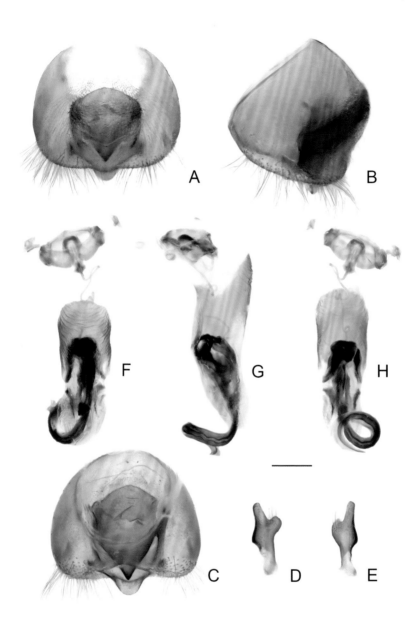

图 20　浑斑红蝽 *Physopelta robusta* Stål，1863，♂。A~C，尾节；D，E，抱器；F~H，阳茎。A，H，背面观；F，C，腹面观；B，G，侧面观。标尺 A~H = 0.4 mm。

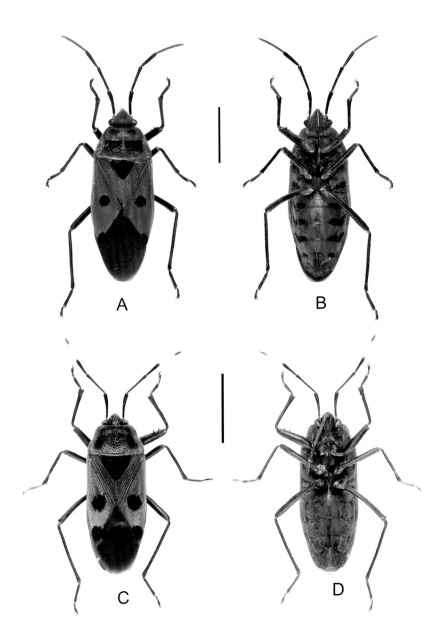

图 21　A，B，显斑红蝽 *Physopelta slanbuschii*（Fabricius，1787），♀；C，D，小头斑红蝽 *Physopelta parviceps* Blöte，1931，♀。A，C，背面观；B，D，腹面观。标尺 A~D = 10 mm。

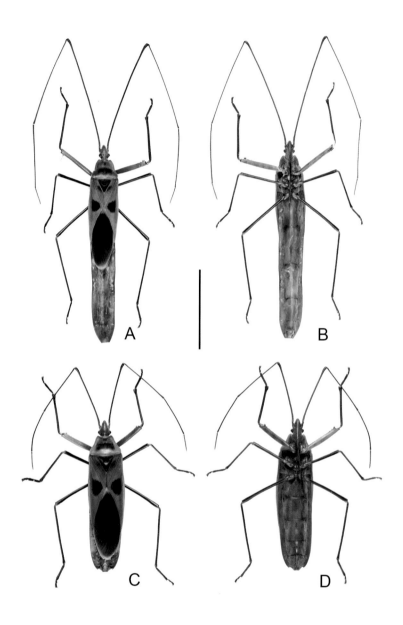

图 22　巨红蝽 *Macrocheraia grandis*（Gray，1832）。A，B，♂；C，D，♀。A，C，背面观；B，D，腹面观。标尺 A~D = 20 mm。

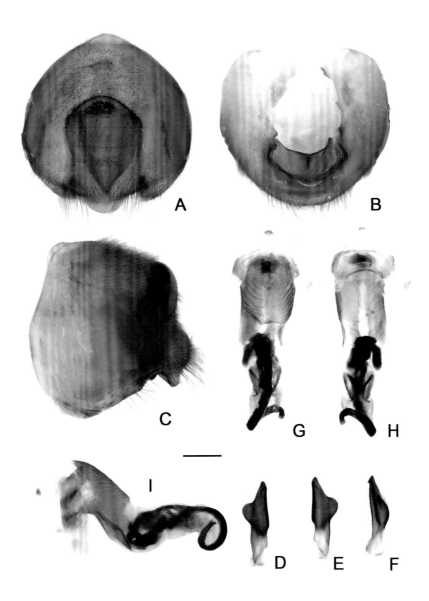

图 23 巨红蝽 *Macrocheraia grandis*（Gray，1832），♂。A~C，尾节；
D~F，抱器；G~I，阳茎。A，H，背面观；G，腹面观；C，I，侧面观；
B，尾面观。标尺 A~I =0.5 mm。

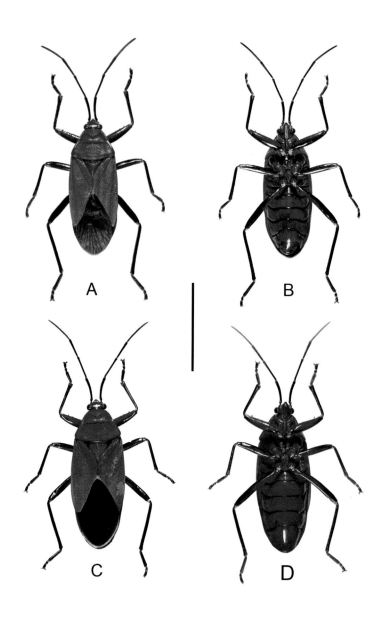

图24 颈红蝽 *Antilochus coquebertii*（Fabricius，1803）。A，B，♂；
C，D，♀。A，C，背面观；B，D，腹面观。标尺 A~D = 10 mm。

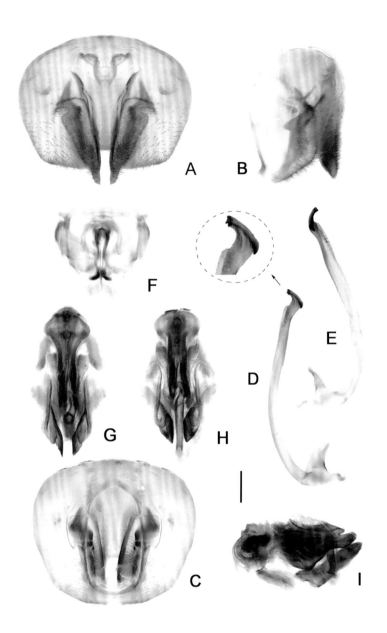

图 25　颈红蝽 *Antilochus coquebertii*（Fabricius，1803），♂。A~C，尾节；D，E，抱器；F，阳茎基；G~I，阳茎体。A，G，背面观；C，H，腹面观；B，I，侧面观。标尺 A~E = 0.5 mm，F~I = 0.2 mm。

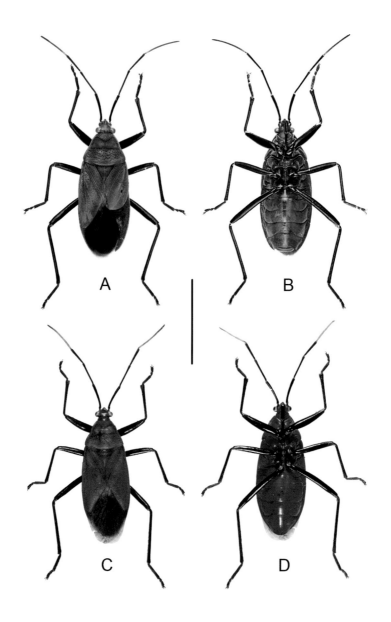

图 26　黑足颈红蝽 *Antilochus nigripes*（Burmeister，1835）。A，B，♂；C，D，♀。A，C，背面观；B，D，腹面观。标尺 A~D = 10 mm。

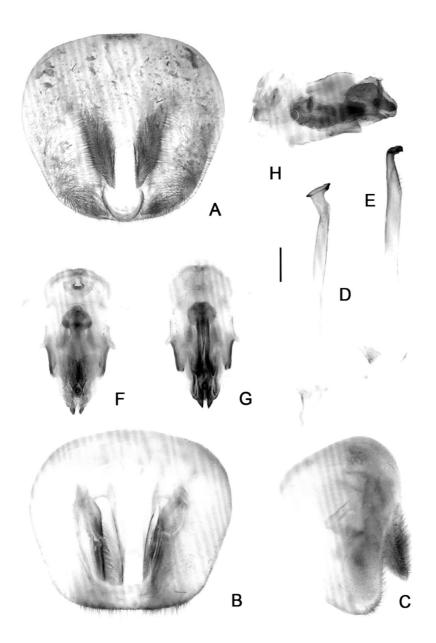

图 27　黑足颈红蝽 *Antilochus nigripes*（Burmeister，1835），♂。
A~C，尾节；D，E，抱器；F~H，阳茎。A，F，背面观；B，G，
腹面观；C，H，侧面观。标尺 A~H=0.4 mm。

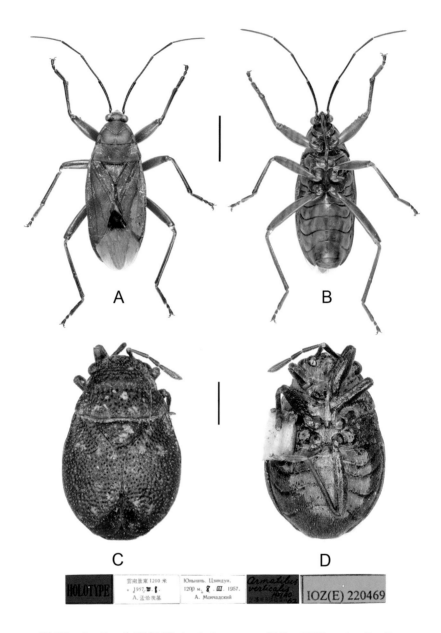

图28 A, B, 朱颈红蝽 *Antilochus russus* Stål, 1863, ♂。C, D, 云南龟红蝽 *Armatillus verticalis* Hsiao, 1964, 正模, ♂。A, C, 背面观; B, D, 腹面观。标尺 A, B = 10 mm; 标尺 C, D = 1 mm。

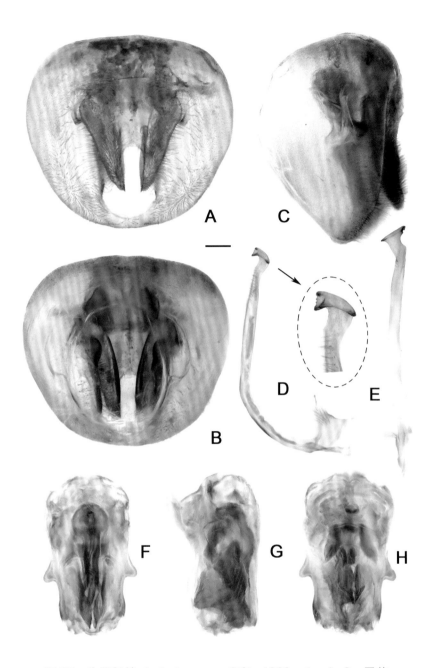

图 29 朱颈红蝽 *Antilochus russus* Stål，1863，♂。A~C，尾节；
D，E，抱器；F~H，阳茎。A，H，背面观；B，F，腹面观；C，
G，侧面观。标尺 A~E = 0.75 mm，F~H= 0.2 mm。

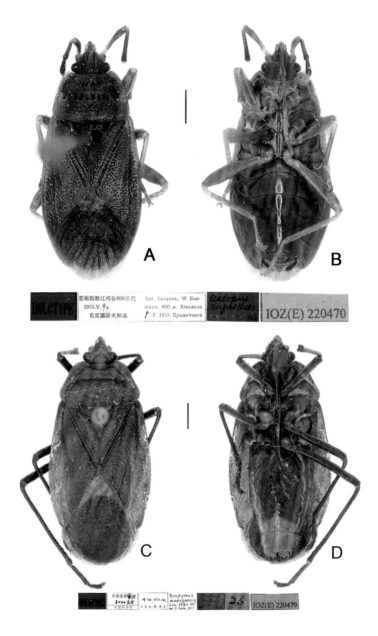

图 30　A，B，华 红 蝽 *Brancucciana*（*Brancucciana*）*rufa*（Hsiao，1964），♂，正模。C，D，藏 光 红 蝽 *Dindymus medogensis* Liu，1981，♀，正模。A，C，背面观；B，D，腹面观。标尺 A~D = 1 mm。

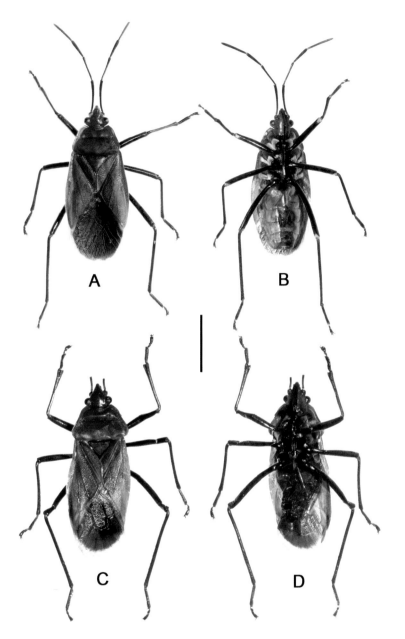

图 31 华光红蝽 Dindymus（Dindymus）chinensis Stehlík & Jindra，2006。
A，B，♂；C，D，♀。A，C 背面观；B，D 腹面观。标尺 A~D=10 mm。

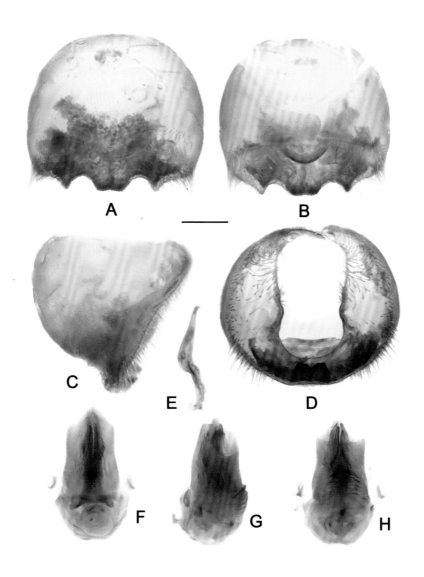

图32 华光红蝽 *Dindymus*（*Dindymus*）*chinensis* Stehlík & Jindra，2006。A~D，尾节；E，抱器；F~H，阳茎。A，F，背面观；B，H，腹面观；C，G，侧面观；D 尾面观。标尺 A~H = 0.5 mm。

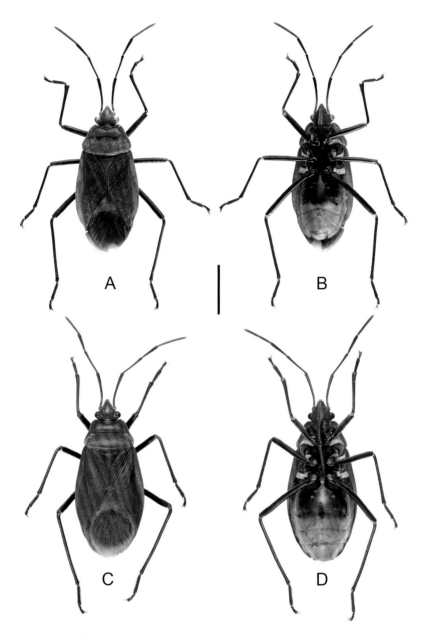

图33　阔胸光红蝽 *Dindymus lanius* Stål，1863。A，B，♂；C，D，♀。
A，C，背面观；B，D，腹面观。标尺 A~D = 5 mm。

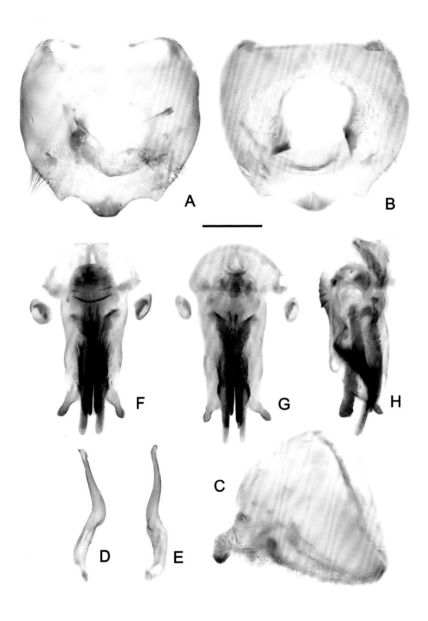

图34 阔胸光红蝽 *Dindymus lanius* Stål，1863，♂。A~C，尾节；D，E，抱器；F~H，阳茎。A，G，背面观；B，F，腹面观；C，H，侧面观。标尺 A~H = 0.5 mm。

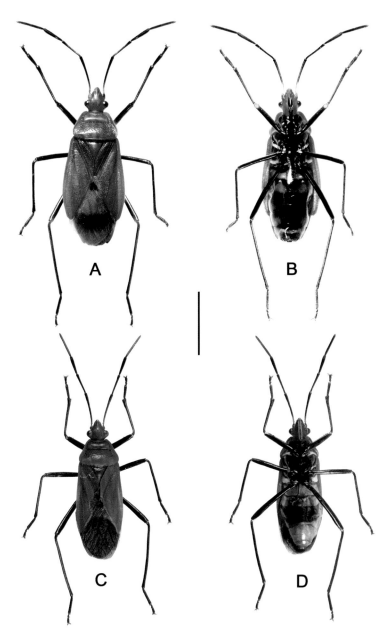

图 35　泛光红蝽 *Dindymus rubiginosus*（Fabricius，1787）。A，B，♀；C，D，♂。A，C，背面观；B，D，腹面观。标尺 A~D= 5 mm。

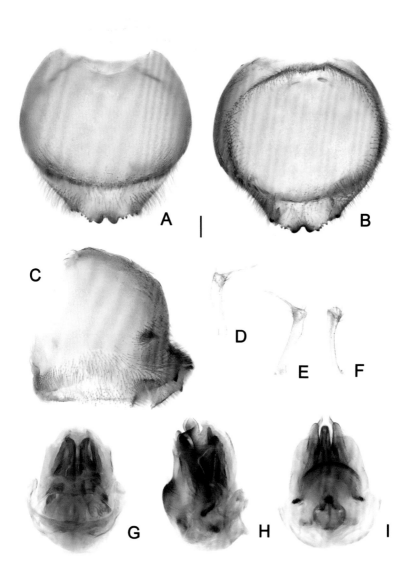

图36　泛光红蝽 *Dindymus rubiginosus*（Fabricius，1787），♂。
A~C，尾节；D~F，抱器；G~I，阳茎。A，G，背面观；B，I，
腹面观；C，H，侧面观。标尺 A~G= 0.2 mm。

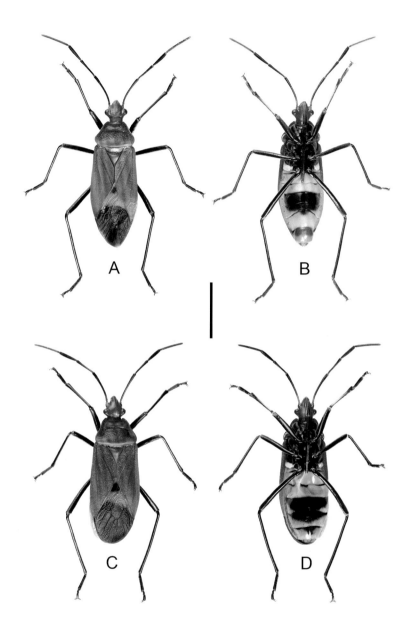

图 37　异泛光红蝽 *Dindymus sanguineus*（Fabricius，1794）。A，B，♂；C，D，♀。A，C，背面观；B，D，腹面观。标尺 A~D = 5 mm。

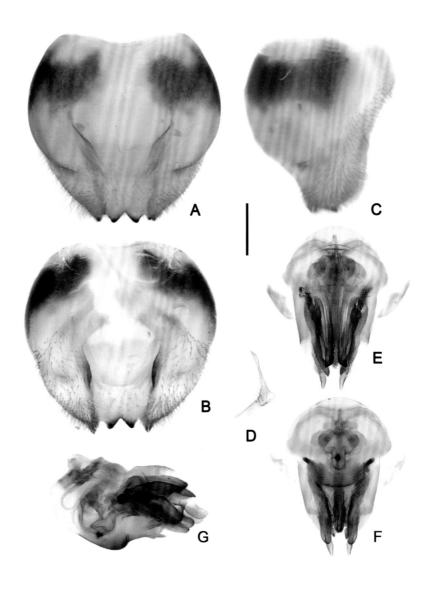

图38　异泛光红蝽 *Dindymus sanguineus*（Fabricius，1794），♂。
A~C，尾节；D，抱器；E~G，阳茎。A，E，背面观；B，F，腹
面观；C，G，侧面观。标尺 A~G= 0.2 mm。

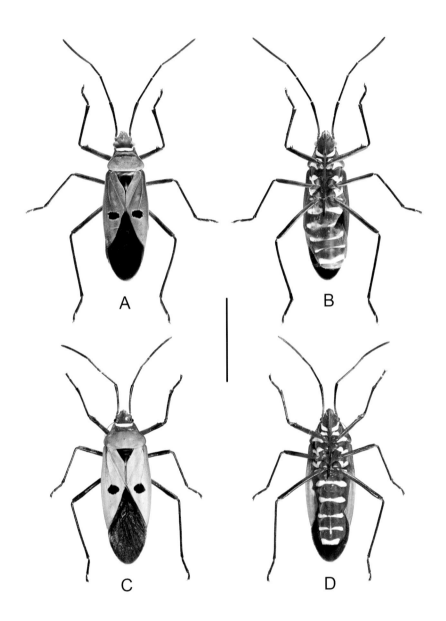

图 39　离斑棉红蝽 *Dysdercus cingulatus*（Fabricius，1775）。A，B，♂；C，D，♀。A，C，背面观；B，D，腹面观。标尺 A~D= 10 mm。

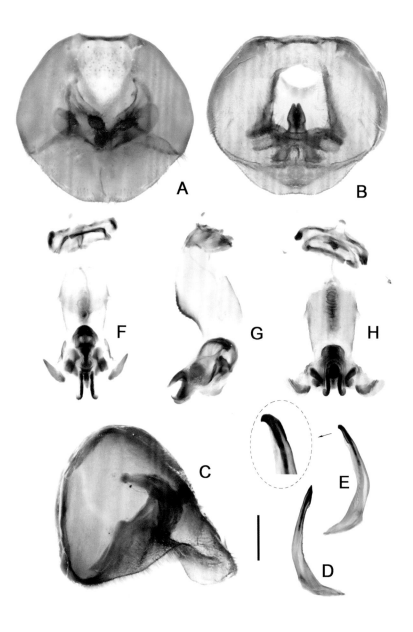

图 40 离斑棉红蝽 *Dysdercus cingulatus*（Fabricius，1775）, ♂。
A~C，尾节；D，E，抱器；F~H，阳茎。A，H，背面观；B，F，
腹面观；C，G，侧面观。标尺 A~C = 0.5，D~H = 0.2 mm。

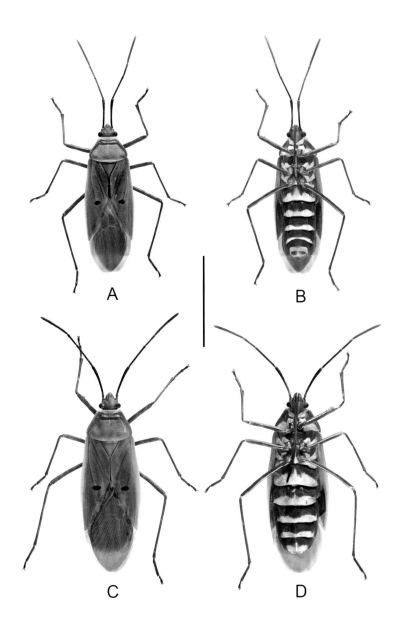

图 41 细斑棉红蝽 *Dysdercus evanescens* Distant, 1902。A, B, ♂; C, D, ♀。A, C, 背面观; B, D, 腹面观。标尺 A~D = 10 mm。

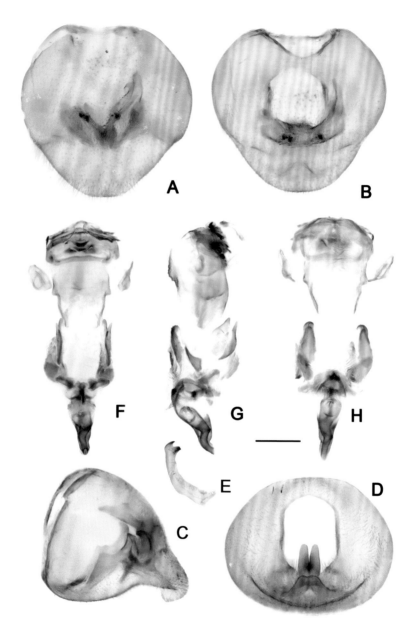

图42 细斑棉红蝽 *Dysdercus evanescens* Distant，1902，♂。A~D，尾节；E，抱器；F~H，阳茎。A，F，背面观；B，H，腹面观；C，G，侧面观；D，尾面观。标尺 A~H = 0.4 mm。

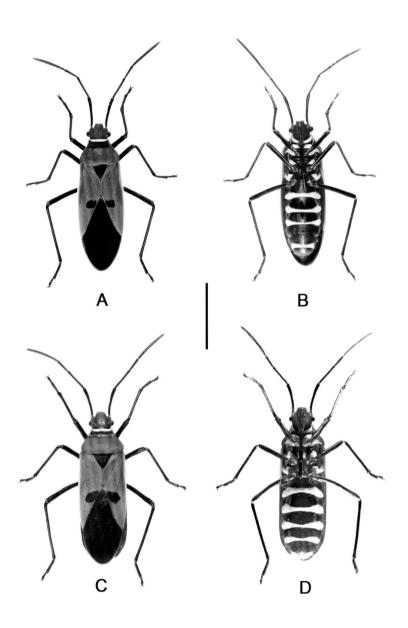

图 43 联斑棉红蝽 *Dysdercus poecilus*（Herrich-Schäeffer，1843）。A，B，♂；C，D，♀。A，C，背面观；B，D，腹面观。标尺 A~D = 10 mm。

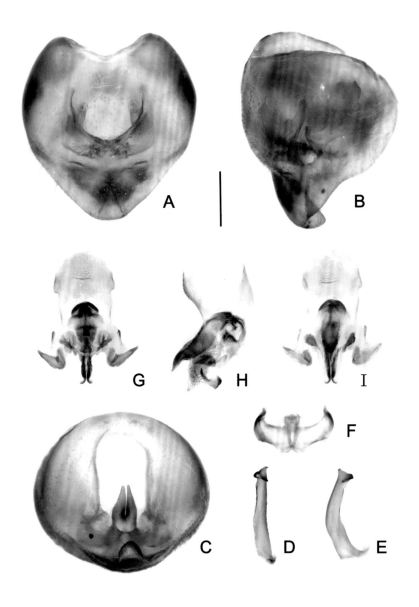

图 44　联斑棉红蝽 *Dysdercus poecilus*（Herrich-Schäeffer，1843），♂。
A~C，尾节；D，E，抱器；F，阳茎基；G~I，阳茎体。A，G，背面观；
I，腹面观；B，H，侧面观；C，尾面观。标尺 A~I = 0.2 mm。

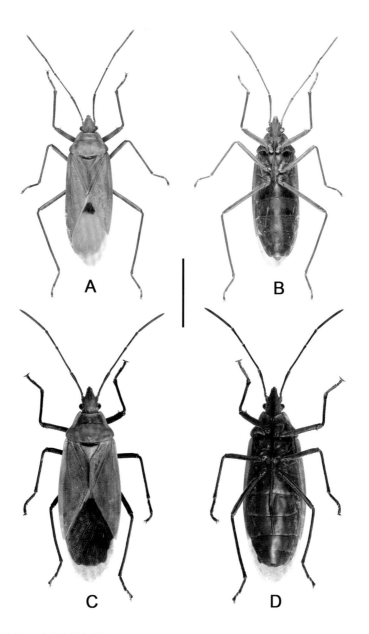

图 45　暗斑大棉红蝽 *Dysdercus fuscomaculatus* Stål，1863。A，B，♂；
C，D，♀。A，C，背面观；B，D，腹面观。标尺 A~D = 10 mm。

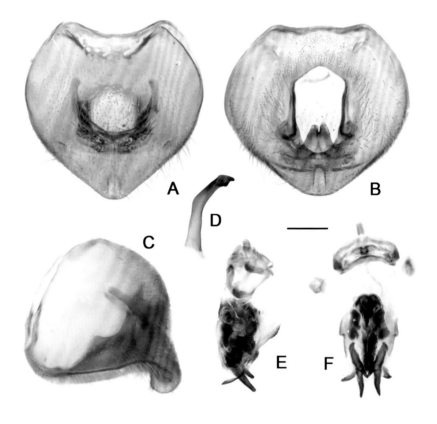

图 46　暗斑大棉红蝽 *Dysdercus fuscomaculatus* Stål，1863，♂。A~C，尾节；D，抱器；E，F，阳茎。A，F，背面观；B，腹面观；C，E，侧面观。标尺 A~F = 0.4 mm。

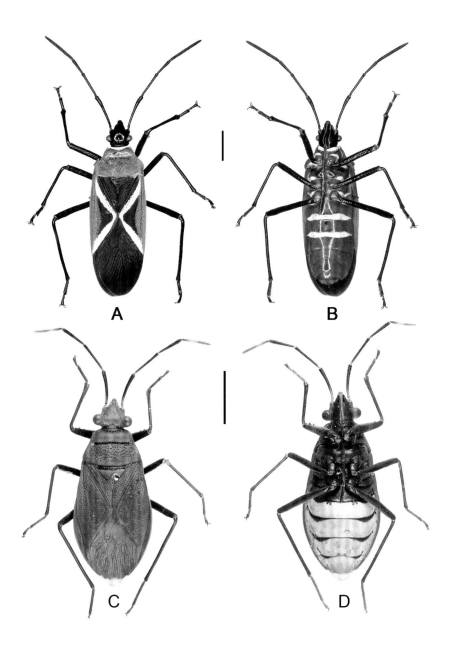

图 47　A，B，叉带棉红蝽 *Dysdercus decussatus* Boisduval，1835，♂；
C，D，云南眼红蝽 *Ectatops grandis* Stehlík & Kment，2017，♀。A，C，
背面观；B，D，腹面观。标尺 A，B= 4 mm；标尺 C，D = 5 mm。

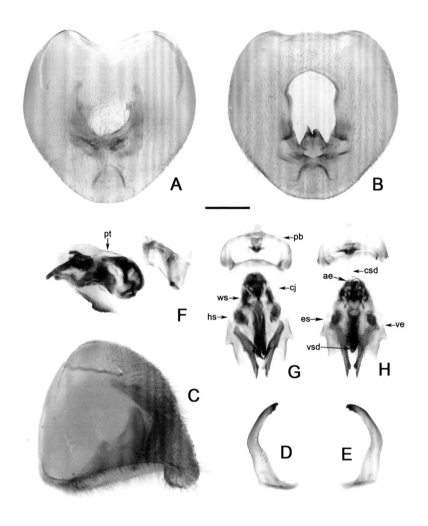

图 48 叉带棉红蝽 *Dysdercus decussatus* Boisduval, 1835, ♂。A~C, 尾节;
D, E, 抱器; F~H, 阳茎。A, G, 背面观; B, H, 腹面观; C, F, 侧面观。标
尺 A~E = 0.4 mm, 标尺 F~H = 0.2 mm。阳茎基, phallobase, pb; 阳茎鞘,
phallothec, pt; 内阳茎体 endosoma, es; 系膜, conjuctivum, cj; 阳茎端,
vesica, ve; 端突, arcuate extension, ae; 翼骨片, wing slerites, ws; 持
骨片, holding sclerites, hs; 系膜导精管, conjunctional seminal duct, csd;
阳茎端导精管, vesical seminal duct, vsd。

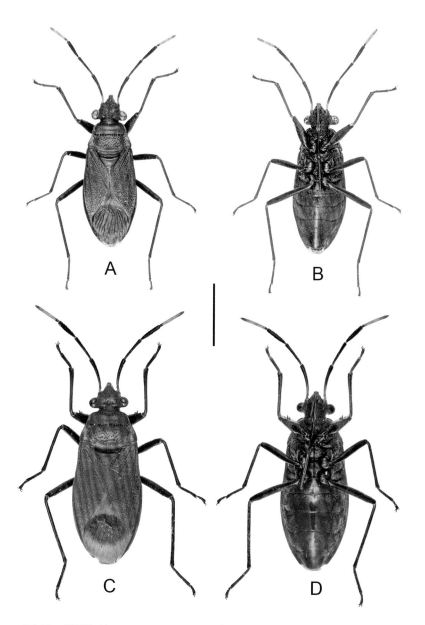

图49 丹眼红蝽 *Ectatops ophthalmicus*（Burmeister，1835）。A，B，♂；
C，D，♀。A，C，背面观；B，D，腹面观。标尺 A~D = 5 mm。

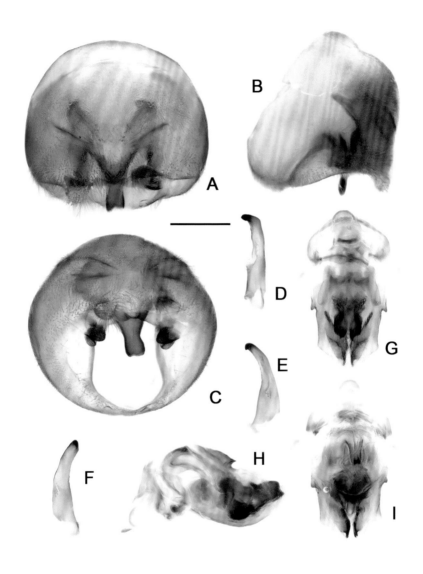

图 50　丹眼红蝽 *Ectatops ophthalmicus*（Burmeister，1835）。A~C，尾节；D~F，抱器；G~I，阳茎。A，G，背面观；I，腹面观；B，H，侧面观；C，尾面观。标尺 A~I = 0.4 mm。

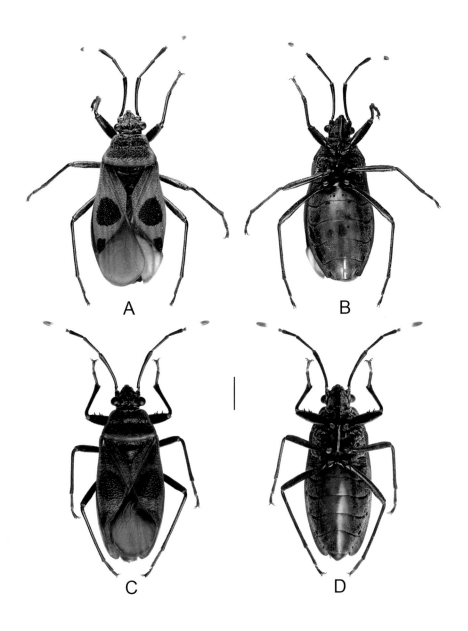

图51 华锐红蝽 *Euscopus chinensis* Blöte，1932。A，B，♀；C，D，♂。
A，C，背面观；B，D，腹面观。标尺 A~D = 1 mm。

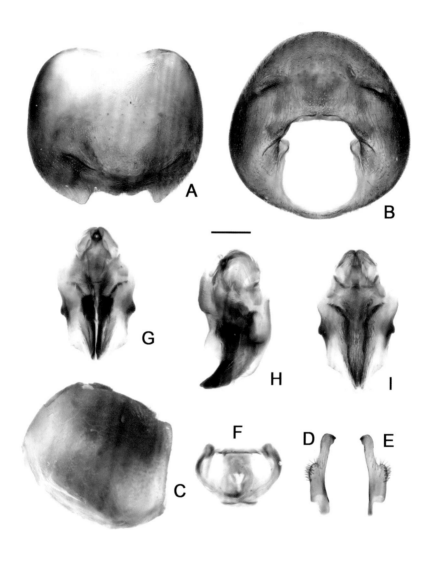

图 52 华锐红蝽 *Euscopus chinensis* Blöte，1932。A~C，尾节；D，E，抱器；F，阳茎基；G~I，阳茎体。A，G，背面观；I，腹面观；C，H，侧面观；B，尾面观。标尺 A~I = 0.2 mm。

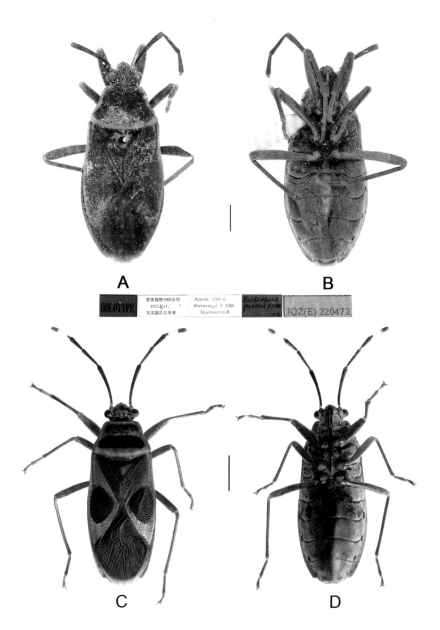

图 53　A，B，棕锐红蝽 *Euscopus fuscus* Hsiao，1964，♂，正模；C，D，原锐红蝽 *Euscopus rufipes* Stål，1870，♀。A，C，背面观；B，D，腹面观。标尺 A，B = 1 mm；标尺 C，D = 2 mm。

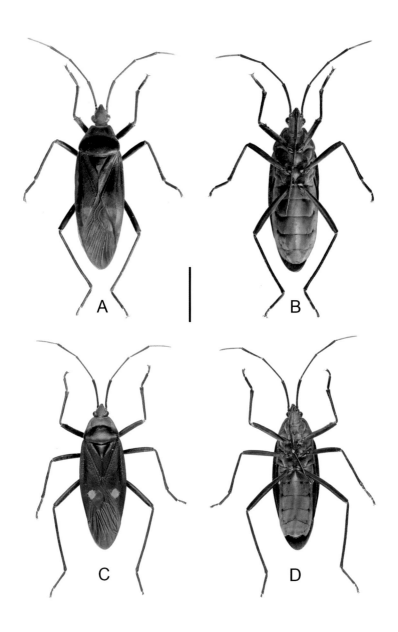

图 54　绒红蝽 *Melamphaus faber*（Fabricius，1787）。A，B，♀；C，D，♂。A，C，背面观；B，D，腹面观。标尺 A~D = 10 mm。

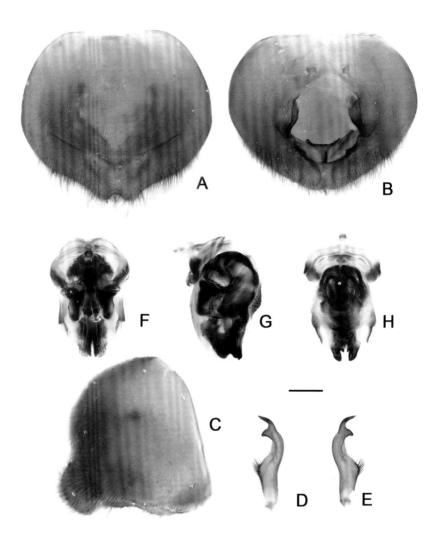

图 55　绒红蝽 *Melamphaus faber*（Fabricius，1787）。A~C，尾节；
D，E，抱器；F~H，阳茎。A，F，背面观；H，腹面观；C，G，侧
面观；B，尾面观。标尺 A~H = 0.5 mm。

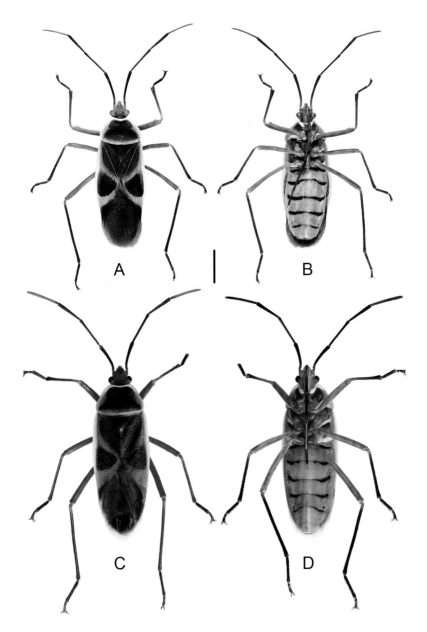

图 56 艳绒红蝽 *Melamphaus rubrocinctus*（Stål，1863）。A，B，♀；
C，D，♂。A，C，背面观；B，D，腹面观。标尺 A~D = 5 mm。

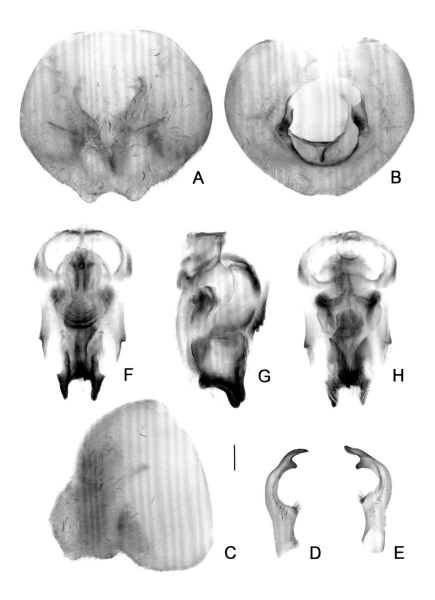

图 57 艳绒红蝽 *Melamphaus rubrocinctus*（Stål, 1863）。A~C，尾节；D，E，抱器；F~H，阳茎。A，H，背面观；F，腹面观；C，G，侧面观；B，尾面观。标尺 A~H = 0.2 mm。

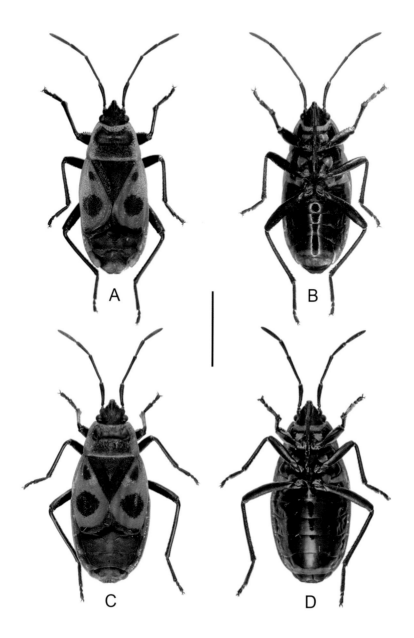

图 58 始红蝽 *Pyrrhocoris apterus*（Linnaeus，1758）。A，B，♂；
C，D，♀。A，C，背面观；B，D，腹面观。标尺 A~D = 5 mm。

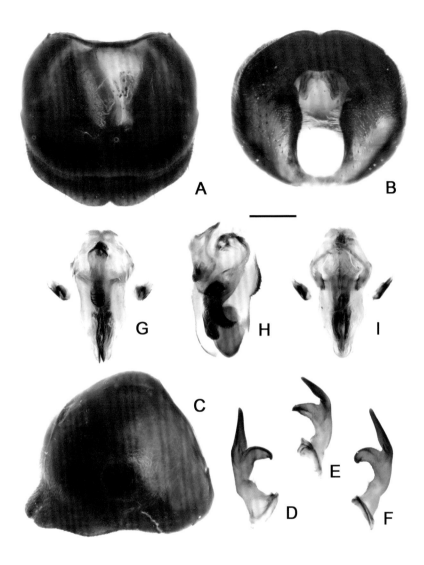

图 59 始红蝽 *Pyrrhocoris apterus*（Linnaeus，1758）。A~C，尾节；D~F，抱器；G~I，阳茎。A，I，背面观；G，腹面观；C，H，侧面观；B，尾面观。标尺 A~I = 0.5 mm。

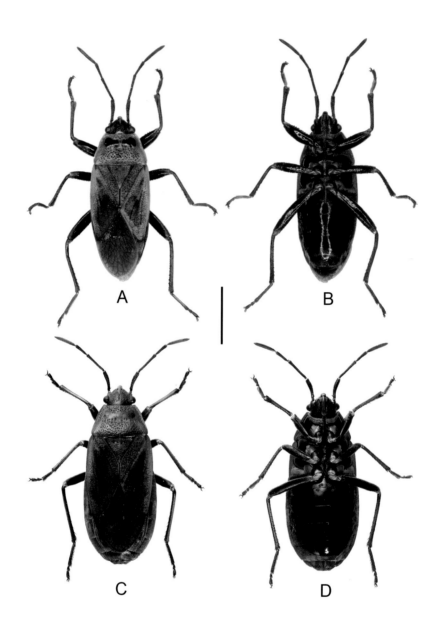

图60　先地红蝽*Pyrrhocoris sibiricus* Kuschakewitsch，1866。A，B，♀；
C，D，♂。A，C，背面观；B，D，腹面观。标尺 A~D = 2 mm。

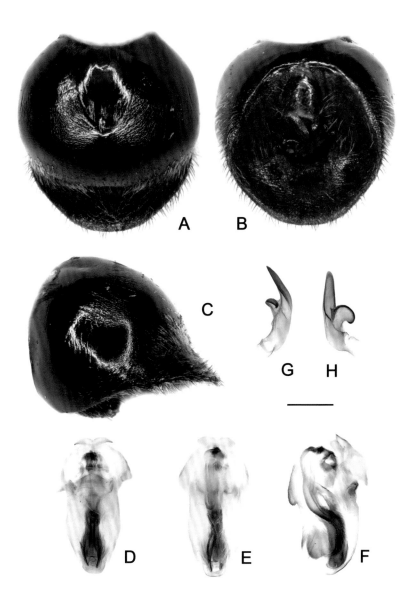

图 61　先地红蝽 *Pyrrhocoris sibiricus* Kuschakewitsch，1866。A~C，尾节；D~E，抱器；F~H，阳茎。A，G，背面观；E，腹面观；F，侧面观。标尺 A~G = 0.4 mm。

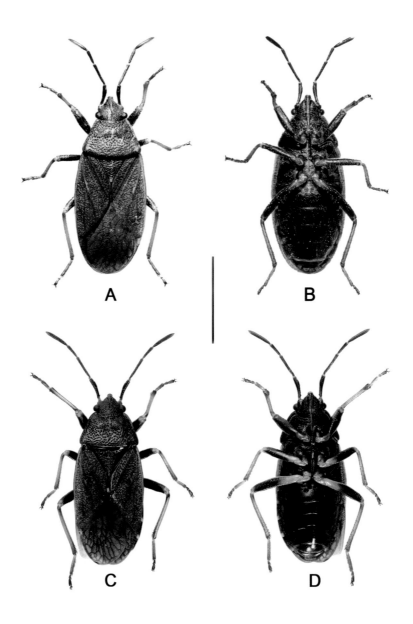

图 62　曲缘红蝽 *Pyrrhocoris sinuaticollis* Reuter，1885。A，B，♂；
C，D，♀。A，C，背面观；B，D，腹面观。标尺 A~D =2 mm。

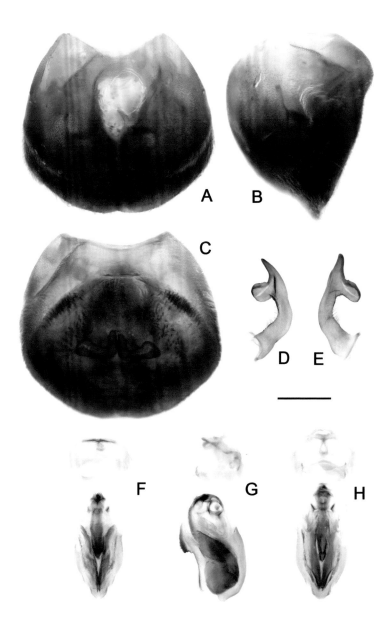

图 63 曲缘红蝽 *Pyrrhocoris sinuaticollis* Reuter，1885。A~C，尾节；D~F，阳茎；G，H，抱器。A，D，背面观；B，E，腹面观；C，F，侧面观。标尺 A~F = 0.4 mm。

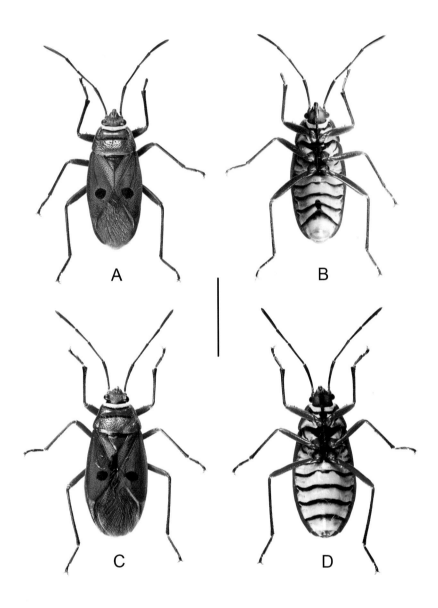

图 64　斑直红蝽 *Pyrrhopeplus posthumus* Horváth，1892。A，B，♂；
C，D，♀。A，C，背面观；B，D，腹面观。标尺 A~D = 5 mm。

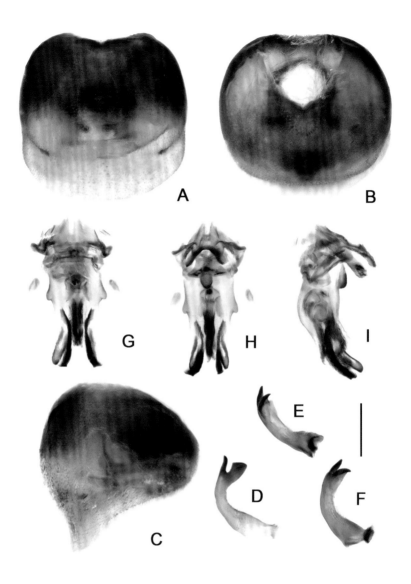

图 65　斑直红蝽 *Pyrrhopeplus posthumus* Horváth，1892。A~C，尾节；D~F，抱器；G~I，阳茎。A，G，背面观；B，H，腹面观；C，I，侧面观。标尺 A~I = 0.5 mm。

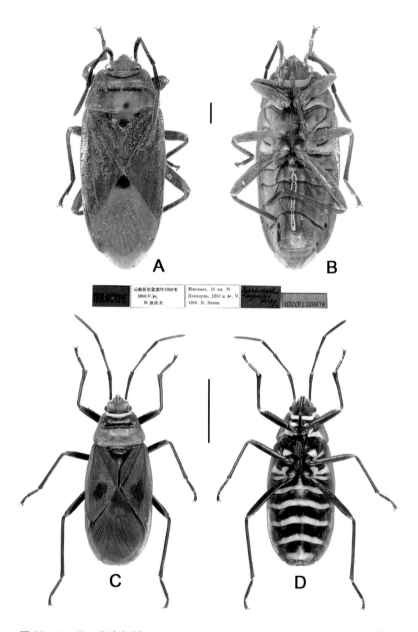

图66 A，B，素直红蝽 *Pyrrhopeplus impictus* Hsiao，1964，♂，正模。C，D，直红蝽 *Pyrrhopeplus carduelis*（Stål，1863），♀。A，C，背面观；B，D，腹面观。标尺 A，B = 1 mm；标尺 C，D = 5 mm。